CRASHKURS SERVICEANFRAGEN BEARBEITEN

IT-SERVICE MANAGEMENT

Knut Harms

BILDUNGSMEDIEN
SCHULPROZESSE.DE

Impressum:

Serviceanfragen bearbeiten
IT-Service Management

ISSN: 1864-7383 – Bildungsreihe »Schulprozesse«
ISBN: 978-3-945276-51-8

9 783945 276518

1.a Auflage 2021

Verlag Lorem Ipsum; Knut Harms,
Nachtigallenweg 6a, 26131 Oldenburg; www.verlag-lorem-ipsum.de

Gestaltung: Knut Harms

Layout Deckblatt: Knut Harms

Druckerei:
Buch- und Offsetdruckerei Häuser KG
Venloer Straße 1271, 50829 Köln (Deutschland)

Korrektorat:
Barbara Krause

1 Inhalt

2 ZIEL DES WORKSHOPS

Ziel dieses Workshops ist es, einen umfassenden Eindruck über das IT-Service Management zu bekommen. Anhand entsprechender Prozessbeschreibungen erhalten Sie einen detaillierten Einblick in unterschiedliche Bereiche eines ERP-Systems.

Es fällt auf, dass dieser Crashkurs von zahlreichen englischen Bezeichnungen lebt. Neben der Darstellung der deutschen Beschreibungen liegt eine Akzentuierung auf der Anwendung dieser Fachbezeichnungen. Der Grund für die intensive Nutzung der englischen Bezeichnungen liegt zum einen in der stark internationalisierten Ausrichtung der IT-Berufe und zum anderen in einer möglichen Vorbereitung einer ITSM-Zertifizierung. Gleiches Ziel verfolgt das ITSM-Examen am Ende des Crashkurses.

Kleine Symbole im Arbeitsheft weisen auf die Arbeit in anderen Lehrwerken 🕮 oder eine Internetrecherche 🌍 hin.

Am Ende des Crashkurses finden Sie eine Blanko-Prozesslandkarte, die als Ergebnis Ihrer Veranstaltung einen guten Überblick über die komplexen IT-Service Managementprozesse verschaffen soll. Sollten die Eingabefelder zu klein sein, nutzen Sie bitte eine Legende.

Abschließend sei noch erwähnt, dass Sie Hubert, das etwas renitente und begriffsstutzige Maskottchen der Modellunternehmung, „qualifiziert" durch viele Bereiche des IT-Service Managements führen wird.

3 MODELLUNTERNEHMEN

Um einfacher in die Welt der ERP-Systeme abzutauchen, werden alle nachfolgenden Beschreibungen anhand der Fluggesellschaft „Wolkenlos Germany GmbH“, einer kleinen lokalen Fluggesellschaft mit Sitz in Bremen, dargestellt.

Die Wolkenlos Germany GmbH ist in unterschiedlichen wirtschaftlichen Bereichen aktiv.

① **Passagiergeschäft:** 40 Prozent des erwirtschafteten Umsatzes der Wolkenlos Germany GmbH wird über Flugreisen erwirtschaftet. Die eigene Flotte bringt Fluggäste zu 13 verschiedenen innereuropäischen Zielen.

② **Frachtgeschäft:** Der Anteil des Transports von Gütern lag im vergangenen Jahr bei rund 35 Prozent. Neben dem Transport von Paketen und Briefen kümmert sich der Speditionsbereich „Wolkenlos Logistik GmbH & Co. KG“ um die fristgemäße Zustellung von Frachtsendungen.

③ **IT-Dienstleister:** Seit über 10 Jahren betreibt **Wol**kenlos **IT**-Dienstleistungen Serverdienste für eigene Rechenzentren und andere kleinere Luftfahrtunternehmen. Vor etwa 4 Jahren nahm die „WOLIT-Solutions KG“ (nachfolgend **WOLIT-Solutions**) den Bereich der IT-Dienstleistungen für Endgeräte ins Portfolio mit auf.

4 RÜCKGRAT DER UNTERNEHMEN: IT-LANDSCHAFTEN

Als Nutzer haben Sie sicherlich schon einmal einen Ausfall von Amazon®, Google®, Facebook® und Co. erlebt? Oder eher nicht? Das mag an einem guten Management liegen. Und das ist kein Zufall, sondern das Ergebnis einer sorgsamen Planung. Erarbeiten Sie sich den Grundsatz des ITSM.

Wenn die Cloud raucht: Was wir aus dem Brand im OVH-Rechenzentrum lernen können

t3n digital pioneers

Der Großbrand bei einem der größten Cloud-Hoster ist mehr als nur ein Unfall in einem Rechenzentrum. Es ist ein Fall, der viele Fragen über den Stellenwert und das Vertrauen in eine Technologie aufwirft.
In der vergangenen Woche brannte bei Europas größtem Cloud-Anbieter ein fünf Etagen hohes Rechenzentrum mit 12.000 Servern. Bei OVH-Cloud in Straßburg wurden dabei vier Serverhallen zerstört, eine brannte ganz nieder. Hierbei gingen laut Medienberichten 3,6 Millionen Websites kurzzeitig vom Netz, darunter Regierungseinrichtungen, Banken, Großkanzleien, aber auch große Spieleanbieter wie Facepunch und viele mehr. Ein Teil der Daten wurde komplett vernichtet, weil nicht alle Kunden über die (kostenpflichtigen) Backups verfügten, die OVH-Cloud anbietet.
(Quelle: https://t3n.de/news/cloud-raucht-brand-lernen-1366051/)

Es war dramatisch, was im März 2021 in Straßburg passierte. Das Beispiel zeigt eindrücklich, wie wichtig die Informationstechnologie allgemein für die Wirtschaft ist und welche Auswirkungen eine Störung von IT-Dienstleistungen, sogenannten Services, hat.

Ein **Service** wird in der IT-Branche als eine Unterstützung des Kunden verstanden, damit er seine Ziele erreicht (z. B. Rechnungen DV-unterstützt schreiben und versenden oder Webhosting zur Verfügung stellen). Damit unterscheidet sich der Gedanke von der Stellung spezifischer Hardwareanforderungen. Das **IT-Service Management (ITSM)** versucht zu 100 % dem Kunden den Service sicherzustellen, den dieser benötigt und der mit ihm vertraglich vereinbart wurde.

i

1. *Welche Bereiche der Wirtschaft wurden bei dem Brand des größten europäischen Rechenzentrums betroffen?*
2. *Was sagt der Bericht zu Datensicherungen der Kunden aus?*
3. *In Bezug auf die vorherige Frage macht es einen Unterschied, ob ein Unternehmen den Service „Webhosting" oder einen virtuellen Server zur Selbstverwaltung (V-Hosting) als Service mietet. Bewerten Sie die Situation im Bericht.*
4. *Zuvor wurde als Beispiel für einen Service die Rechnungsstellung inkl. Versand genannt. Finden Sie drei weitere Beispiele aus den auf Seite 5 beschriebenen Geschäftsbereichen.*

Das Drama um die verlorenen Daten macht beeindruckend deutlich: Eine gute IT-Landschaft pflegt sich nicht von selbst und bedarf eines ausgeklügelten ITSM. Dieses Management basiert auf standardisierten Rollen (Aufbau) und Prozessen (Abläufe).

5 DARSTELLUNG AUFBAU- UND ABLAUFORGANISATION

Als neues Mitglied der WOLIT-Solutions gibt es unbeschreiblich viel Neues zu entdecken: unzählige unbekannte Abläufe, Vorgesetzte und Arbeitskolleginnen und -kollegen. Um es Ihnen leichter zu machen, stehen Ihnen angemessene Modellbeschreibungen zur Verfügung.

Zur Darstellung von Abläufen einer Unternehmung existieren zahlreiche Modelltypen. In diesem Crashkurs beschränken wir uns ausschließlich auf das Lesen von Modellen.

5.1 Aufbauorganisation

In diesem Kapitel der Aufbauorganisation betrachten wir nicht die klassischen Organisationsformen Linie-, Stablinie-, Matrix-, Sparten, Mehrlinien- oder Prozessorganisation. Vielmehr geht es um Rollen, die im Konzept des ITSM Verwendung finden.

Wer heutzutage in der IT arbeitet, braucht mehr als informatorische Kenntnisse und Fertigkeiten. „IT'ler“ müssen sich u. a. in betriebswirtschaftlichen Grundlagen sowie in den Bereichen, Geschäftsprozessmanagement, Kundenorientierung, Risikomanagement, Recht, Datenschutz und Einschätzung von Kosten und Nutzen zu Hause fühlen. Extrafunktional werden Anforderungen an die Kommunikationsfähigkeit, den Willen etwas zu verändern, an die Fähigkeit, in Modellen zu denken und komplexe Zusammenhänge zu erkennen sowie an das Geschick zu überzeugen gefordert.

Aus den unterschiedlichen Aufgaben ergeben sich unterschiedliche Rollenkonzepte wie:

- **Administrator:** Verwalter einer IT-Landschaft
- **IT-Spezialist:** Anwendungsentwickler, Systemintegration, IT-Analysten
- **Change Manager:** Person, einen Veränderungsprozess im Unternehmen initiiert und begleitet
- **Projektleiter und Projektteam:** Gruppe von Sachkundigen, die selbstständig ein aufwendigeres Vorhaben planen, realisieren und kontrollieren
- **Mitarbeiter der Partnerfirmen:** Zulieferer von Hard- und Software sowie externer Services
- **IT-Management:** CIO – Chief Information Officer, Leiter der IT
- **Vorstand:** Verantwortliche in Fragen von strategischen Änderungen und Bewilligungen im technischen, organisatorischen und finanziellen Bereichen
- **Helpdesk:** erster Anlaufpunkt bei Fragen und Problem rund um das IT-System
- **Kunden:** Auftraggeber gebuchter Services
- **Anwender:** IT-Nutzer, der ggf. Hilfe beim Helpdesk anfordert

Aus Sicht des Prozessmanagements und in Bezug auf die Verantwortlichkeiten ergeben sich weitere Rollen:

- **Service Owner:** Verantwortlich für den Service (Dienstleistung)
- **Process Owner:** Verantwortlich für den Ablauf (Prozess)
- **Process Executer:** Ausführende Kraft (Modellnutzer)

Nachdem die Rollen innerhalb einer Unternehmung geklärt sind, wird es Zeit für unternehmensinterne Abläufe.

5.2 Ablauforganisation

Die Ablauforganisation beschreibt modellhaft die Wege einer Bearbeitung. Gängige Modelltypen sind das Wertschöpfungskettendiagramm, die Ereignisgesteuerte Prozesskette und das Business Modelling And Notation.

5.2.1 Wertschöpfungskettendiagramm

Um die WOLIT-Solutions für ein anstehendes QM-Audit (Prüfung, ob die notwendigen Anforderungen eines Qualitätsmanagementsystems erfüllt wurden) vorzubereiten, ist ein Blick auf alle Prozessbeschreibungen notwendig.

Die ISO 9001:2015 definiert einen **Prozess** als eine Abfolge von einzelnen Schritten, der eine Eingabe in ein definiertes Ergebnis umwandelt. Einfacher ausgedrückt, beschreibt ein Prozess einen standardisierten Ablauf von Tätigkeiten mit dem Ziel einer Leistungserbringung.

Ein geeigneter Modelltyp zur groben Beschreibung von grundlegenden Abläufen ist das Wertschöpfungskettendiagramm (WKD). Dieses besteht aus einem sehr überschaubaren Symbolvorrat, der auf verschiedene Weise variiert werden kann. Häufig wird dieser Modelltyp auch treffender als **Prozesslandkarte** bezeichnet.

Die grundlegende Betrachtung ist eine Einordnung der generellen Prozesse und Teilprozesse. Häufig liest man in diesem Zusammenhang auch fälschlicherweise von „Unterprozessen“. Teilprozesse sind überschaubare Stücke eines vollständigen Prozesses, während ein Unterprozess einen Verweis auf eine Hinterlegung zu einer wesentlich detaillierteren Beschreibung definiert.

Nachfolgendes WKD aus dem „QM-Handbuch[1] – Bereich Computer-Versandgeschäft“, verdeutlicht den Gedanken der Prozesslandkarte:

---

[1] *Das QM-Handbuch (Qualitätsmanagementhandbuch) ist eine unternehmensinterne Zusammenstellung und Dokumentation des Qualitätsmanagementsystems und der damit verbundenen Abläufe.*

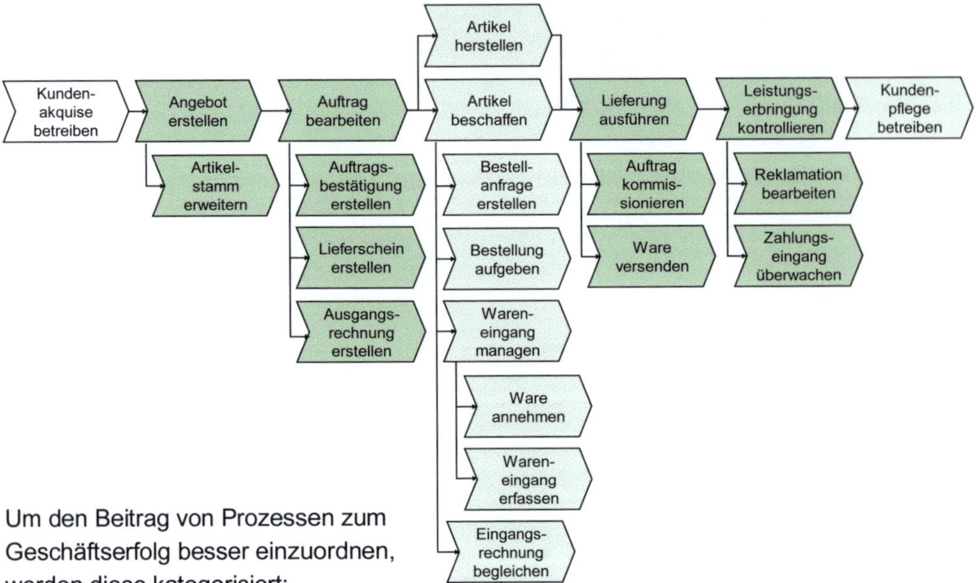

Um den Beitrag von Prozessen zum Geschäftserfolg besser einzuordnen, werden diese kategorisiert:

- **Kernprozesse:** Diese Prozesse haben immer einen wertschöpfenden Charakter. Ein weiterer erklärender Ansatz ist die Erfüllung des Kundenwunsches. Kernprozesse eines Heizungsherstellers sind demnach die Produktion von Heizungsanlagen.
- **Unterstützungsprozesse:** Unterstützungsprozesse (Supportprozesse) bezeichnen betriebliche Prozesse, die den Kernprozess unterstützen. Typischerweise haben sie keinen Kundennutzen und erwirtschaften auch nicht unmittelbar Erlöse. Der Kunde wäre also nicht bereit, für diese Art von Prozess Geld zu bezahlen. Vertreter dieser Kategorie sind z. B. Prozesse der Buchhaltung.
- **Managementprozesse:** Diese Prozesse planen, steuern und überwachen Kernprozesse in Unternehmen. Zu den Managementprozessen zählen beispielsweise die Festlegung von Zielen, Personalführung, Qualitätsmanagement, Projektmanagement, Risikomanagement oder das Finanzmanagement.

5. *Schauen Sie sich das Wertschöpfungskettendiagramm auf Seite 10 genau an und identifizieren Sie Teile, die nachfolgenden Kriterien entsprechen:*
   a) parallel verlaufende Hauptprozesse
   b) aufeinanderfolgende Hauptprozesse
   c) einen dem Hauptprozess untergeordneten Teilprozess
   Notieren Sie Ihre Ergebnisse direkt im Modell.
6. *Finden Sie weitere Beispiele für Unterstützungsprozesse.*

Bevor es weitergeht: Was heißt eigentlich **Wertschöpfung**? Mit diesem Begriff ist die Annahme verbunden, dass mit den Einzelschritten der Kernprozesse ein Wertzuwachs entsteht. Waren werden gekauft, transformiert und letztendlich verkauft. Einem Wertverbrauch (Einkauf) steht die Schaffung neuer Werte, die Wertschöpfung, gegenüber:

- **Leistungserstellung:** Lagerung, Personaleinsatz, Produktion, Veredelung, Bereitstellung etc.
- **Gewinnzuschlag:** Gewinnaufschlag, der in den Verkaufspreisen berücksichtigt wird

5.2.2 Ereignisgesteuerte Prozesskette

Abläufe, Erklärungen und Anweisungen können auf unterschiedliche Art und Weise dokumentiert werden. Sofern es darum geht, möglichst eindeutig alle Tätigkeiten mit den involvierten Personen und Hilfsmitteln darzustellen, hat sich die Notation **Ereignisgesteuerte Prozesskette (EPK)** als Standard etabliert.

Die EPK ist die industriell genutzte Darstellungsform zur Abbildung von Geschäftsprozessen. Dabei zeichnet sich diese Notation durch ihre einfache und trotzdem vollständige Ausdrucksweise und ihren begrenzten Zeichenvorrat aus. Schnell wird deutlich, aus welchem Grund eine Tätigkeit ausgeführt wird, zu welchem Ergebnis diese führt, wer diese ausführt und welche Hilfsmittel dazu notwendig sind:[2]

Symbolik	Erklärung/Beispiel
	**Funktion:** Tätigkeit, die während eines Prozesses ausgeführt wird, Beispiel: Formular ausfüllen.
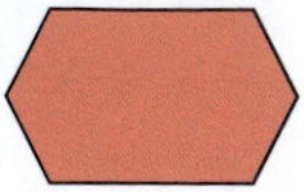	**Ereignis:** Zustände oder Auslöser, die eine Funktion auslösen bzw. das Ergebnis einer Funktion, Beispiel: Formular ausgefüllt.
	**Kanten:** Richtung, in die der Prozess abgearbeitet wird (gerichteter Graph).
	**Organisationseinheiten:** interne oder externe Person, Stelle oder Abteilung, die an der Ausführung einer Funktion beteiligt ist, Beispiel: Sachbearbeiter, Kunde.

[2] *Bei der Notation handelt es sich um den IHK-Prüfungsstandard. Die in diesem Crashkurs nachfolgend dargestellten Modelle wurden mit der Software ARIS der Software AG (www.aris-at-school.de) erstellt und weichen zugunsten einer besseren Lesbarkeit geringfügig im Design ab.*

	**Ressourcen:** Objekte, die zur Ausführung von Funktionen benötigt werden, Beispiel: Abrechnungsformular.
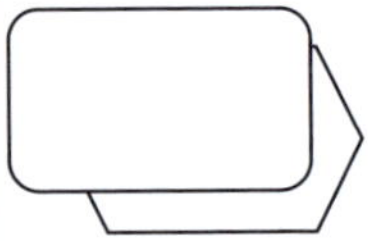	**Prozessschnittstelle:** Nach Ereignissen können Prozesse an eine andere Prozessstelle springen bzw. vor einem Ereignis wieder zurückkehren. Prozessschnittstellen ermöglichen demnach „Verlinkungen“ zwischen Prozessen.

IHK Darstellung	Bezeichnung	Erklärung/Beispiel
	**XOR** (Disjunktion): Trennung oder Verbindung zweier Aussagen durch ein „entweder/oder“.	Nach diesem „ausschließlichen ODER“ kann der Prozessablauf nur in eine Richtung fortgeführt werden. Beispielsweise kann die Einordnung einer Anwenderfrage ergeben, dass eine Hilfestellung, eine Änderung oder eine Passwortanfrage gewünscht vom Anwender gewünscht wird.
	**ODER** (Adjunktion): Trennung oder Verbindung zweier Aussagen durch ein „und/oder“.	Ähnlich wie beim XOR kann eine Entscheidung eine der Möglichkeiten betreffen. Der Unterschied zum XOR liegt darin, dass auch mehrere Ereignisse eintreten können. Ein Kunde wünscht eine Aufrüstung und gleichzeitig drei Neuanschaffungen von PC.
	**UND** (Konjunktion): Trennung oder Verbindung zweier Aussagen durch ein „und“.	Der UND-Konnektor lässt keine Entscheidung zu, sondern ermöglicht eine Prozessteilung bzw. Zusammenführung. Zeitgleich wird Hard- und Software für neue PC beschafft.

Alle Prozessmodelle wurden mit der Software ARIS Elements der Software AG modelliert, die Schulen unter www.aris-at-school.de kostenfrei zur Verfügung steht.

software AG

Teilprozess „Request Fullfilment“

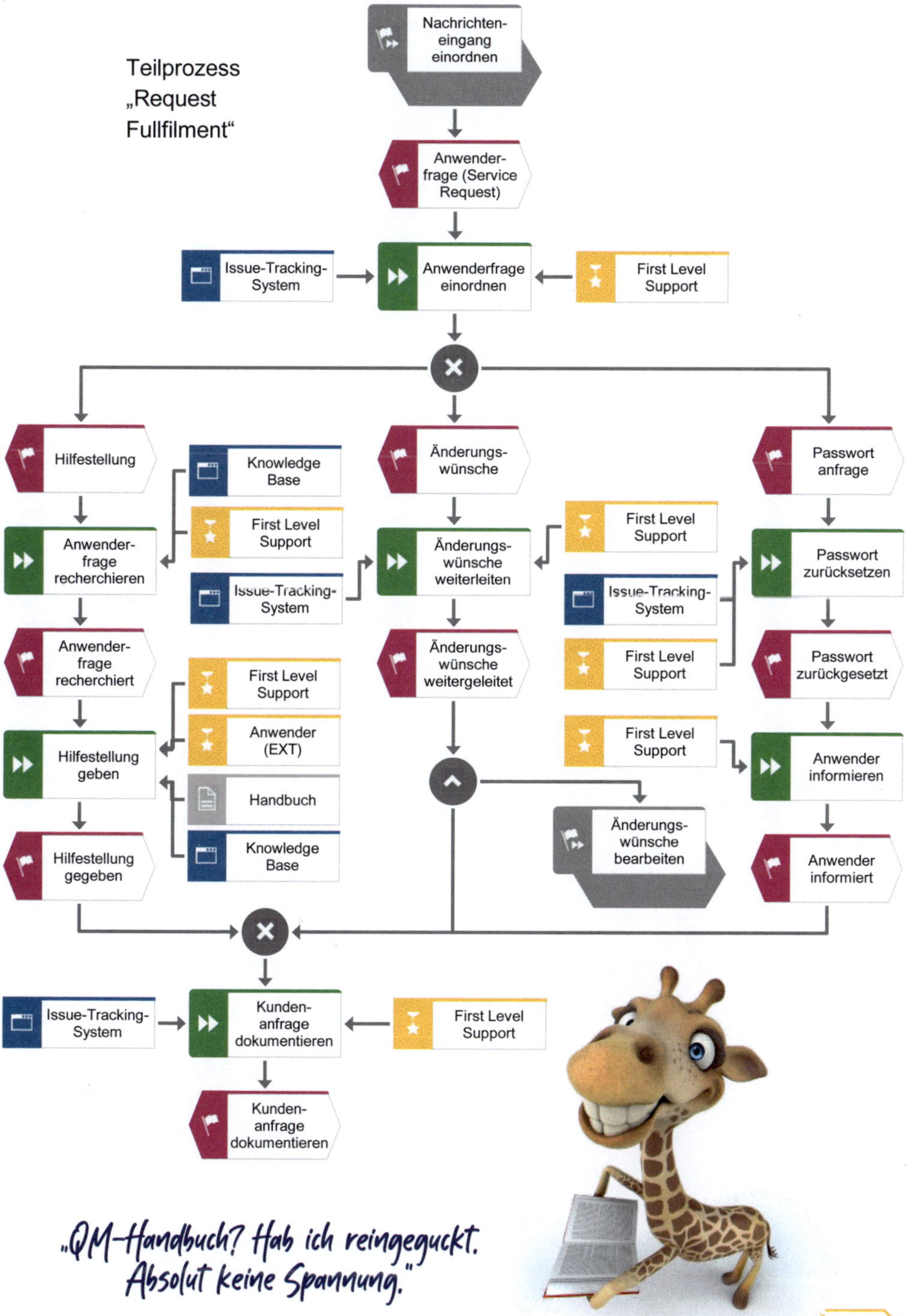

„QM-Handbuch? Hab ich reingeguckt. Absolut keine Spannung.“

Schauen Sie sich die EPK der Bearbeitung einer Anwenderfrage auf Seite 13 an:

7. *Wer führt den Teilprozess aus?*
8. *Welche Dokumente oder Computersysteme werden zur Ausführung benötigt?*
9. *Was ist der Grund, dass dieser Teilprozess überhaupt startet?*
10. *Welche Tätigkeit wird ausgeführt, in der eine Entscheidung stattfindet?*
11. *Was bewirkt die parallele Bearbeitung in dem Teilprozess?*
12. *Welche Vorteile könnten mit der Darstellungsform EPK im Vergleich zur Textbeschreibung verbunden sein?*

Alle anfallenden Arbeiten (Ablauf- oder auch Prozessorganisation) oder auch die Struktur der Unternehmung (Aufbauorganisation) zu beschreiben, bedeutet einen sehr hohen Aufwand.

Dieser muss gut begründet sein:

- Mitarbeiter wissen, was zu tun ist und können sich in neue Abläufe leichter einarbeiten.
- Prozesswissen wird sichtbar und steht auch bei Ausscheiden eines Mitarbeiters weiterhin zur Verfügung.
- Neue Mitarbeiter finden in Bezug auf ihren Tätigkeitsbereich Orientierung und Anleitung (z. B. Stellenbeschreibung und Arbeitsanweisung).
- Verfahrensanweisungen zeigen, wie sich Mitarbeiter in bestimmten Situationen verhalten sollten (z. B. Wiedergutmachung im Reklamationsfall).
- Eine organisierte und verbindliche Prozessbearbeitung kann ein festgelegtes Bearbeitungsniveau sichern. Daher sind sie häufig Voraussetzung für Qualitätsmanagementnormen (z. B. ISO/DIN 9000 ff., HACCP).
- In manchen Bereichen ist die nachvollziehbare Dokumentation von Prozessen Pflicht (z. B. Bankenbereich Basel IV).
- Fachabteilungen (z. B. EDV und Organisation) können Nutzen aus den detaillierten Beschreibungen ziehen. So können Nutzerrechte oder auch der Funktionsumfang von Anwendungen (z. B. ERP-Systeme) bestimmt werden.
- Optimierungspotenziale in Abläufen können nach einer Detailaufnahme von Abläufen deutlich besser erkannt werden.
- Modellierte Abläufe können Grundlage von Simulationen (z. B. Berechnung der Durchlaufzeit) oder Berechnung der Kosten (Prozesskostenrechnung) sein.
- Der Markt- und Verkaufswert von organisierten Unternehmen steigt.

Genügend Gründe, dass auch die WOLIT-Solutions alle relevanten aufbau- und ablauforganisatorischen Beschreibungen in einem QM-Handbuch, das allen Mitarbeitern zur Verfügung steht, dokumentiert hat.

13. *Welche Vorteile gibt ein modellierter Prozess in einem QM-Handbuch einer ISO-Zertifizierung? Notwendige Definitionen einer ISO-Zertifizierung finden Sie bei wikipedia® unter dem Schlagwort „Qualitätsmanagementnorm".*
14. *Welche Nachteile hat eine verbindlich festgelegte Prozessbeschreibung?*
15. *Diskutieren Sie, welche Gründe es haben kann, dass Mitarbeiter ihr Wissen um Prozessabläufe nicht mit anderen teilen wollen.*

6 GRUNDLAGEN ITSM

Als Mitglied der Abteilung EDV kennen Sie die anerkannten IT-Service Management-Konzepte.

Die Wichtigkeit eines ITSM haben Sie kennengelernt. Bereits in den 80er-Jahren wurde in England von britischen Regierungsbehörden ebenfalls diese Abhängigkeit der Wirtschaft von einer funktionierenden IT erkannt und ein Regelwerk in Form von **Prozessbeschreibungen** in Auftrag gegeben.

- **ITIL®:** Information Technology Infrastructure Library ist ein Best-Practice-Leitfaden zur Sicherung von IT-Services. Es ist heute der De-facto-Standard im IT-Service Management. Teile dieses Workshops orientieren sich an dieser Idee. Aktuell ist die Version 4 verfügbar.
- **COBIT®:** Control Objectives for Information and Related Technology ist ebenfalls ein international anerkanntes Framework, das ebenfalls in den 80er-Jahren entwickelt wurde. Im Gegensatz zu ITIL definiert COBIT eher nicht den Weg (Prozess) zur Erfüllung einer Anforderung, sondern lediglich die Anforderung selbst. Das erklärt auch, dass es eigentlich für Prüfer (Auditoren) entwickelt wurde.
- **FitSM®:** Dieses im Umfang reduzierte und leichter zu initiierende ITSM wurde im Rahmen eines EU-Projekts unter Aufsicht der LMU München entwickelt und orientiert sich in Teilen an ITIL.

7 SERVICEANFRAGEN AUFNEHMEN

Ein zentraler Anlaufpunkt einer IT ist Kernstück des IT-Service Managements. Als Fachkraft in diesem Bereich können Sie mit Anwendern professionell kommunizieren.

7.1 Wege der Kontaktaufnahme

Die Wege einer Kontaktaufnahme sind vielfältig. Einige Nutzer bevorzugen die Darstellung der Anliegen in einem Ticket-System, andere die E-Mail oder den persönlichen Kontakt.

Ticket-Systeme werden auch als Issue-Tracking-System (ITS), Helpdesk-System, Service-Ticket-System oder Trouble-Ticket-System bezeichnet. Dabei handelt es sich um eine Software, die Anfragen dokumentiert und den Prozess der Bearbeitung unterstützt.

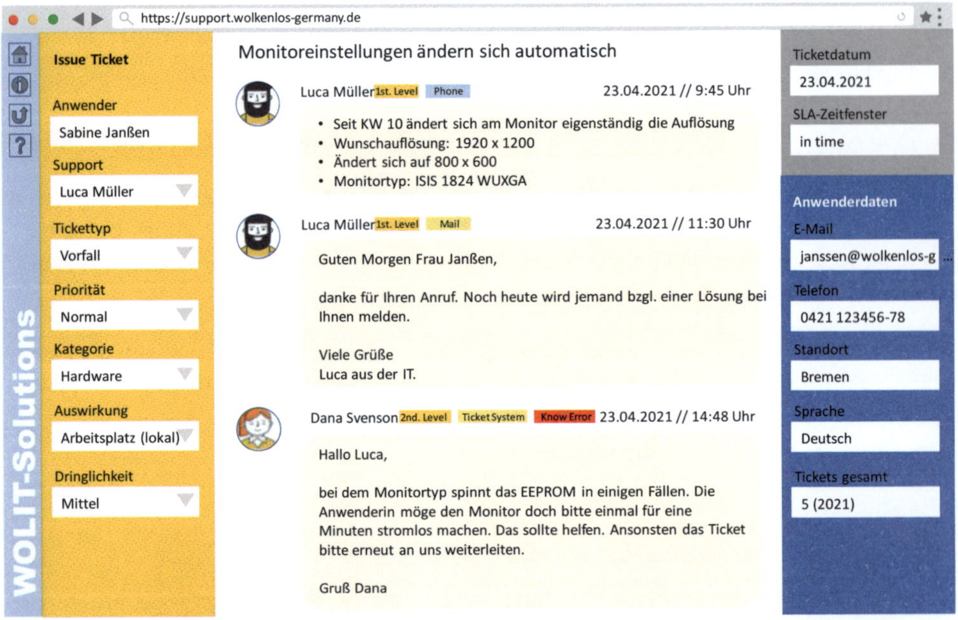

16. *Die Internetadresse https://support.wolkenlos-germany.de deutet beim Issue-Ticket-System auf einen webbasierten Dienst hin. Solche Produkte werden häufig von Anbietern unter dem Begriff* ***Software as a Service (SaaS)*** *bereitgestellt. Recherchieren Sie, was dieser Begriff bedeutet und welche Vorteile mit diesem Konzept verbunden sind.*
17. *Das SaaS-Modell wird dem* ***Cloud-Computing*** *(Rechnerwolke) zugerechnet. Erarbeiten Sie die Begriffe On-Premises und Cloud-Computing. Berücksichtigen Sie dabei die typischen Ausprägungen Public-, Private- und Hybrid-Cloud. Erstellen Sie zur Erklärung ggf. eine schematische Illustration.*

7.2 Den Kunden verstehen

Natürlich sollte sich jeder immer und überall unter Kontrolle haben und anderen Menschen stets freundlich gegenübertreten. Das klappt aber nicht immer. Um mit solchen Situationen besser umgehen zu können, sind ein paar Grundlagen hilfreich.

7.3 Mit Kunden angemessen kommunizieren

Die Kommunikation mit dem Kunden unterteilt sich in unterschiedliche Bereiche:

Verbale Kommunikation	**Paraverbale Kommunikation**	**Nonverbale Kommunikation**
Persönliche, direkte Verständigung mit Worten. Hauptaspekt ist die gesprochene Sprache und die Botschaft. Nebenaspekte sind Techniken der Gesprächsführung, Argumentationen und die Fähigkeit, komplexe Zusammenhänge adressatengerecht zu beschreiben.	Persönliche, direkte Verständigung mit Worten. Hauptaspekt ist die gesprochene Sprache mit Hinblick auf die nicht-inhaltlichen Signale einer Nachricht, z. B.: • Lautstärke • Tonlage • Betonung • Geschwindigkeit • Sprachmelodie	Persönliche, direkte Verständigung ohne Sprache. Hauptaspekt ist alles, was durch den Körper zum Ausdruck gebracht wird, z. B.: • Mimik • Gestik • Körperhaltung

7.3.1 Sender-Empfänger-Modell

Wie bei jedem **Modell** können Sachverhalte analysiert, erklärt und optimiert werden. Das Sender-Empfänger-Modell hat zum Ziel, die zwischenmenschliche Kommunikation zu erklären, die aus drei Elementen besteht:

- **Sender:** Die Person, die eine Nachricht durch unterschiedliche Kommunikationsmittel codiert (verbal, paraverbal und nonverbal) und an einen Empfänger sendet.
- **Nachricht:** Information, die sich an den Sender richtet und mittels Medium transportiert wird.
- **Empfänger:** Person, die Informationen erhält. Dort angekommen, müssen diese decodiert werden. Es folgt gegebenenfalls eine Reaktion.

Das Modell identifiziert in diesem Prozess mehrere Schwachstellen, die im Wesen des Menschen begründet liegen:

- verwendetes Kommunikationsmittel
- Verständnis des Inhalts
- fehlende Informationen bzw. Kontext

Durch Berücksichtigung dieses Wissens ergeben sich folgende Merkregeln:

- Was man meint, ist oft nicht das, was man sagt.
- Was man sagt, ist oft nicht das, was der andere hört.
- Was der andere hört, wurde nicht zwangsläufig verstanden.

7.3.2 Kommunikationsforschung nach Watzlawick

Der österreichische Forscher Paul Watzlawick entwickelte fünf Regeln (Axiome). Diese werden häufig als Grundlage einer funktionierenden Kommunikation angesehen.

Insbesondere das erste Axiom ist zum Verständnis der Kommunikation mit hilfesuchenden Anwendern von besonderer Bedeutung:

„Man kann nicht nicht kommunizieren.“

Das bedeutet, dass selbst ein Schweigen eine Aussage hat und unterschiedlich interpretiert werden kann.

> 18. *Konkretisieren Sie die Aussage, dass selbst ein Schweigen in mehrfacher Hinsicht gedeutet werden kann, durch entsprechende Beispiele.*

7.3.3 Vier-Seiten-Modell

Ohne vertiefend ins Detail zu gehen, soll an dieser Stelle kurz die Kommunikationstheorie von Schulz von Thun angerissen werden. Friedemann Schulz von Thun geht davon aus, dass jede Nachricht auf unterschiedliche Weise gesagt bzw. aufgenommen werden kann.

Beispiel: Eine Teilnehmerin macht bei der Projektskizzierung auf einer Kick-Off-Veranstaltung durch fortlaufende Einwände auf sich aufmerksam. Daraufhin sagt der Moderator genervt einen Satz wie „...und wieder ein Kommentar!", welcher die Empfängerin stark verärgert. Die Nachricht kann mehrere Botschaften beinhalten, die im Folgenden kurz erläutert werden.

Auf der **Sachebene** wird lediglich eine Tatsache festgestellt, dementsprechend kann die Nachricht bedeuten, dass erneut ein Hinweis beigesteuert wurde. Die **Beziehungsebene** drückt die Gefühle zum Gegenüber aus, was für unser Beispiel bedeuten könnte, dass sich der Sender der Nachricht unwohl und sich ggf. durch andauernde Kommentare des anderen herabgesetzt bzw. gestört fühlt. Die Ebene des **Appells** ist als Aufforderung zu verstehen und könnte bedeuten, dass sich das Gegenüber etwas ruhiger und der Situation angemessen verhalten soll. Die schwierigste und wichtigste Ebene ist die **Selbstoffenbarungsebene**, in der die eigene Position dargestellt wird. In unserem Beispiel könnte das bedeuten, dass der Sender das Gespräch gern diszipliniert und strukturiert führen möchte und permanente Zwischenbemerkungen nicht wünscht.

Was bringen nun aber diese Erkenntnisse für die tägliche Kommunikation, in der kaum Zeit bleibt, einen Satz auf die vier Seiten einer Nachricht hin zu untersuchen? Das Modell soll dafür sensibilisieren, klare und zielgerichtete Aussagen als notwendig zu empfinden und umzusetzen. So hätte die direkte freundliche Ansprache, dass Hinweise und Einwände am Ende des Vortrags zu geben sind, wahrscheinlich zu einem besseren Ergebnis geführt.

7.3.4 Aktives Zuhören

„Sie verstehen mich nicht!", sagt der Kunde und vielleicht hat er damit sogar recht. Das Aktive Zuhören zielt darauf, die Nachricht des Senders vollständig zu verstehen. Dabei hilft es, sich in den Anderen hineinzuversetzen und seine eigenen Anliegen zurückzustellen. Folgende Techniken vereinfachen das Aktive Zuhören:

- **Paraphrasieren:** Formulieren der Aussage des Senders in eigenen Worten. So, wie es der Empfänger verstanden hat.
- **Verbalisieren:** Verbalisieren und spiegeln der Gefühle des Gegenübers.
- **Nachfragen:** Aussage des Gegenübers hinterfragen und klären.
- **Zusammenfassen:** Bündeln des Anliegens des Senders und der Vereinbarungen.
- **Unklares aufklären:** Nicht hinreichend geklärte Gesprächsinhalte solange hinterfragen, bis sie abschließend geklärt sind.

19. *Einem Autofahrer wird der Parkplatz von einem anderen Verkehrsteilnehmer direkt vor der Nase weggeschnappt. Der verärgerte Fahrer öffnet das Fenster und sagt: „Super geparkt!" Untersuchen Sie diese Aussage auf die vier Seiten einer Nachricht.*

20. *Ein Leitsatz der Kommunikationstheorie lautet „Das, was man sagt, ist nicht das, was gehört wird. Das, was gehört wird, ist nicht das, was gemeint ist". Was bedeutet dieser Ausspruch im Hinblick auf das Modell von Schulz von Thun?*

7.4 Allgemeine Praxistipps

- Führen Sie sich vor Augen, in welchem Dilemma Ihr Gegenüber steckt. Manchmal hängt an einem IT-Problem deutlich mehr, als man zunächst denkt.
- Denken Sie daran, dass Ihnen die nonverbalen Anteile der Kommunikation beim Telefonat nicht zur Verfügung stehen. Ihr Gegenüber kann die zum Teil notwendige Mimik und Gestik, insbesondere bei humorvoll gemeinten Äußerungen, nicht sehen und somit schwerer verstehen. Und – auch ein Schweigen kann ggf. als genervte Einstellung gedeutet werden.
- Fachsprache erleichtert die Kommunikation mit Experten. Doch Vorsicht, bei Laien kann die Verwendung diese erheblich erschweren und sogar bis zur Blockade des Gesprächs führen.
- Seien Sie sich bewusst, dass jede Aussage beim Empfänger entschlüsselt werden muss. Stellen Sie sicher, dass Ihr Gegenüber die Nachricht vollständig und folgerichtig interpretiert hat.
- Es gilt, je weitreichender und schwerwiegender das Problem mit einem IT-System ist, desto häufiger sollten Informationen an Beteiligte versendet werden.
- Bedenken Sie, dass häufig breit gestreute Informationen nicht den direkten Weg zum Adressaten finden und ggf. irgendwo „hängen" bleiben.

21. *Welche Anforderungen müssen insbesondere an die Mitarbeiter des Helpdesks gestellt werden?*

22. *Das geschickte und nachvollziehbare Beschreiben von Abläufen ist eine Kunst.*

    Auf www.wolkenlos-germany.de finden Sie eine Übung zum Thema Kommunikation. Führen Sie diese im Zweierteam durch.

„Mit Kunden einfach nur plaudern? Das kann ich super gut"

7.5 Konfliktgespräche deeskalieren

Das Schwierigste ist wohl, eine Situation zu entschärfen, die ein wenig außer Kontrolle geraten ist. Versuchen Sie sich zunächst in die Situation des Kunden hineinzuversetzen.

Beweggründe und Tipps

Bedingende Faktoren seitens des Kunden sind Druck am Arbeitsplatz, Enttäuschung, Hilflosigkeit, strapazierte Nerven, Angst vor hohen Kosten oder nichterfüllte Erwartungen. Und so rutscht schon mal der ein oder andere in einen unpassenden Tonfall oder startet eine Beschwerde von Anfang an ungestüm.

- Hören Sie gut zu.
- Äußern Sie Verständnis für die Verärgerung (Empathie).
- Bieten Sie konkrete Hilfen und Lösungsansätze.
- Terminieren Sie Lösungsansätze, das schafft Vertrauen.
- Vermeiden Sie eine Schuldzuweisung in angespannten Gesprächssituationen.
- Rechtfertigen Sie sich erst, wenn sich die Situation entspannt hat.
  Andernfalls sind verteidigende Argumente sind in diesen Situationen nicht zielführend.
- Trennen Sie Nachrichten der inhaltlichen und persönlichen Ebene. Ein Lösungsansatz ist es, zunächst eine konstruktive und positive Grundatmosphäre zu schaffen.
- Handeln Sie nicht im Affekt, sondern geben Sie sich zum Beispiel bei einer Kommunikation per Mail ein wenig Zeit. Umgehend auf eine Mail zu antworten, die sie geärgert hat, ist in der Regel keine gute Idee.
- Bieten Sie ein weiteres Gespräch mit dem Ziel an, die Lösung des Problems zu erfahren.

i

23. *Gesprächstraining: Teilen Sie sich in Teams von drei Personen ein und spielen Sie folgende Situation durch:*

Grund des Anrufs: Ein Mitarbeiter muss bis morgen früh den Quartalsbericht grafisch umgesetzt haben. Auftraggeber ist der Vorstand des Unternehmens. Die Textverarbeitung lässt sich starten, beim Versuch Excel aufzurufen, stürzt der PC sporadisch ab. Der Mitarbeiter hat seine Arbeitsergebnisse bereits fünf Mal komplett verloren.

Zwei Personen bereiten sich als Gesprächspartner vor. Als Helpdesk-Mitarbeiter lesen Sie sich die Tipps für Telefonate durch und verinnerlichen sich diese. Als Anrufer schreiben Sie sich verbale Entgleisungen auf, mit denen Sie sich richtig Luft machen wollen.

Führen Sie das Gespräch durch. Ziel des Helpdesk-Mitarbeiters ist es, das Gespräch auf einer sachlichen Ebene zu führen, um zielführende Lösungsansätze zu unterbreiten.

Die dritte Person nimmt die Rolle des unbeteiligten Beobachters ein und notiert kommunikative Besonderheiten des Gesprächs, die im Anschluss zur Reflektion der Situation genutzt werden. Wechseln Sie die Rollen nach jedem Durchgang.

8 SERVICEANFRAGEN EINORDNEN UND SCHNELLE HILFE BIETEN

Als Fachkraft im First Level Support können Sie Kundenanfragen grundlegend einordnen und Aufträge entgegennehmen.

Das **Service Operation** ist, wie der Begriff operational schon verrät, der Bereich, in dem dem Kunden auf ganz praktische Art und Weise geholfen werden soll. Es ist der Bereich des ITSM, den der ratsuchende Anwender am deutlichsten wahrnimmt. Die Bearbeitung startet durch die Einordnung eingehender Meldungen.

8.1 Anfragen einordnen

Eingehende Meldungen werden grundlegend eingeteilt:

- **Statusmeldung:** Automatisch generierte Meldung zum Zustand eines Systems. Diese eingehenden Meldungen werden auch **Events** genannt.
- **Kundenanfrage:** Formale Anfrage eines Anwenders bzw. Unterstützungsanfrage, die auch als **Service Request** bezeichnet wird.
- **Störungsfall:** Meldung einer nicht geplanten Unterbrechung eines Service, die im ITSM auch als **Incident** geführt wird.

Diese Meldungen treffen am zentralen Punkt der Organisation, dem **Single Point of Contact (SPOC)** oder auch **Helpdesk** ein. Der Helpdesk kann unternehmenslokal, dezentral bzw. virtuell (mehrere lokale Helpdesks bilden nach außen hin einen zentralen Helpdesk) organisiert sein.

Diese erste Ebene der Hilfestellung wird auch als **First Level Support** bezeichnet.

i

24. Ordnen Sie nachfolgende eingehende Meldungen gemäß vorgestellter Einordnung zu:

a) Festplattenkapazität zu 80 % erschöpft.

b) Ein Mitarbeiter meldet, dass der Drucker in der Finanzbuchhaltung nicht funktioniert.

c) Das Netzwerk läuft stabil mit einer Auslastung von 40 %.

d) Das Marketing wünscht sich einen schnelleren DIN A3 Farbdrucker.

e) Mehrere Mitglieder des Kundenbetreuungsteams melden, dass das webbasierte ERP-System nicht erreicht werden kann. Andere Anwendungen und das Internet funktionieren jedoch. Zeitgleich erscheint eine Systemnachricht „ERP-Ausfall".

f) Eine Mitarbeiterin vom Empfang kann sich nicht mehr ins System einloggen.

g) Der Dokumentenscanner hinterlässt auf jedem Scan einen Streifen.

h) Die Personalabteilung gibt für eine neue Mitarbeiterin einen Desktop PC in Auftrag.

i) Die Taste F klemmt auf der Tastatur eines Mitarbeiters der Flugzeugwartung.

Nachfolgend sehen Sie zur besseren Einordnung den Musterprozess der Kontaktaufnahme aus dem QM-Handbuch der WOLIT-Solutions, der in den nachfolgenden Kapiteln näher betrachtet wird.

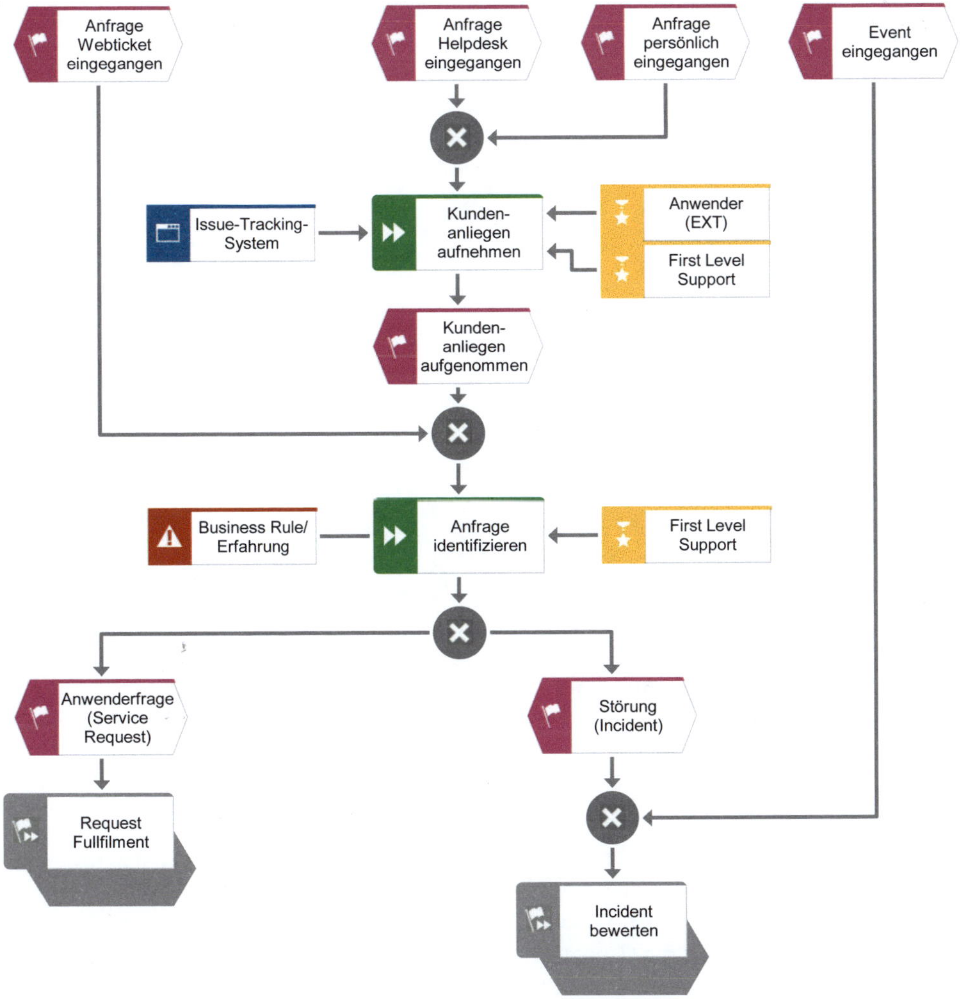

8.2 Statusmeldung managen (Event Management)

Events benötigen keine direkte Meldung vom Anwender, sondern werden vom Überwachungssystem generiert. Mehr zu diesen Monitoringsystemen erfahren Sie zu einem späteren Zeitpunkt im Kapitel 12.4.

Der Begriff Event kann somit als Auslöser oder ankommende Mitteilung interpretiert werden, die je nach Relevanz unterteilt wird:

- **Informationen (Information):** Statusmeldung über ein System ohne Handlungsbedarf. Beispiel: Netzwerkauslastung liegt zwischen 45 und 48 %.
- **Warnungen (Warning):** Statusmeldung mit der Notwendigkeit der genauen weiteren Beobachtung, Handlungsbedarf kündigt sich bereits an.
  Beispiel: RAID-Datenverbund meldet eine Restkapazität von 20 %.
- **Ausnahmen (Exception):** Statusmeldung, die einen umgehenden Handlungsbedarf mit sich bringt.
  Beispiel: 48-Port Netzwerkswitch ist ausgefallen.

Eine Softwareunterstützung ermöglicht eine Filterung und kann so konfiguriert werden, dass Ausnahmemeldungen schnellstmöglich an Verantwortliche geleitet werden.

25. *Ordnen Sie nachfolgende Fälle gemäß vorgestellter Einteilung ein:*
    a) *Festplattenkapazität zu 80 % erschöpft.*
    b) *Das Netzwerk läuft stabil mit einer Auslastung von 40 %.*
    c) *Das webbasierte ERP-System kann nicht erreicht werden.*
    d) *Der Web-Server läuft stabil mit einer Auslastung von 85 %.*
    e) *48 von 50 User-CAL-Lizenzen sind vergeben.*
    f) *52 Geräte melden sich am Server an, obwohl lediglich 50 Device-CAL-Lizenzen vorrätig sind.*

8.3 Kundenanfrage beantworten (Service Request)

Bei einem **Service Request** meldet sich der Anwender aktiv, aber im Vergleich zur Störungsmeldung werden allgemeine Fragen und Wünsche in Bezug auf die IT gestellt.

Dies können allgemeine Informationen sein, vergessene Passwörter, Hinweise zur Bedienung eines Programms. Diese Art von Anfragen sind als Hilfestellung einzuordnen. Meist kann Nutzern schon vollständig im First Level Support geholfen werden.

Neben diesen manuell zu bearbeitenden Fällen gibt es Systeme, die eine eigenständige Beschaffung relevanter Informationen zulässt **(Self Service)**. Dort wird der Anwender gezielt durch ein Systems befragt. Sollten angebotene Lösungen nicht zum Erfolg führen, kümmert sich ein Mitglied des First Level Supports um das Anliegen.

Weitere Anlässe von Anwendern, sich an den First Level Support mit einem Service Request zu wenden, wären z. B. die Beauftragung der IT, ein Benutzerkonto für eine neue Mitarbeiterin einzurichten oder das Auffüllen von Toner in einem Drucker. Die weitere Bearbeitung wird dann vom zentralen Anlaufpunkt Helpdesk initiiert.

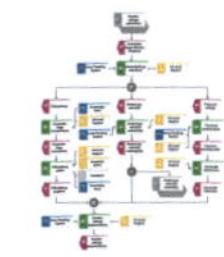

Die Prozessdarstellung des Service Request als Modell haben Sie bereits im Kapitel 5.2.2 auf Seite 13 kennengelernt.

> 26. *Welchen Vorteil könnte die Organisation einer zentralen Anlaufstelle, wie die des Helpdesks in Bezug auf die Kundenzufriedenheit bringen?*
> 27. *Auf Seite 13 sehen Sie die Prozessbeschreibung Service Request. Dort ist die Verwendung einer Knowledge Base dokumentiert. Klären Sie über eine Internetrecherche, um was für ein Unterstützungssystem es sich hierbei handelt.*

Dokumentation

Kernstück des IT-Service Managements ist das Störungsmanagement, bei dem Anwendern geholfen wird, die Arbeit wieder aufzunehmen. Das Managen von Störungen der IT ist weitreichend und wird im nachfolgenden Kapitel näher betrachtet.

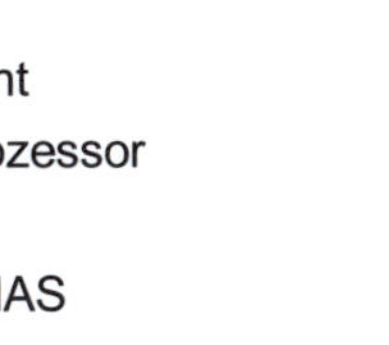

An dieser Stelle ist es sinnvoll, einen allgemeinverbindlichen Begriff für jegliche Arten von IT-Gerätschäften einzuführen. Der Begriff **Configuration Item (CI)** ist sehr umfangreich gefasst und beschreibt im Wesentlichen Hard- und Software. Diese werden durch Attribute charakterisiert und über Beziehungen mit anderen CI in Verbindung gesetzt (z. B. Büro-PC besteht aus unterschiedlichen Komponenten). Beispiele:

- Hardwaresystem: Personal Computer, Notebook, Server, Thin Client
- Hardwarekomponente: Grafikkarten, Netzwerkkarte, Festplatte, Prozessor
- Softwarekomponente: Betriebssysteme, Anwendungssoftware
- Netzwerkkomponente: Router, Switch, Hub, Repeater, Patchfeld, NAS
- Peripheriegerät: Drucker, Scanner, Webcam
- Mobiles Gerät: Tablet, Smartphone, Datenerfassungsgeräte

> 28. *Erörtern Sie, aus welchem Grund es notwendig ist, Beziehungen zwischen Anwendungssystemen (Komplettsystem bestehend aus Soft- und Hardware) und einzelnen Komponenten zu dokumentieren?*

9 STÖRUNGSFALL BEARBEITEN (INCIDENT MANAGEMENT)

Im Team des First Level Support sind Sie die erste Anlaufstelle für Anwender bei Zwischenfällen mit IT-Systemen. Sie nehmen diese auf und versuchen eine erste Hilfestellung zu geben.

Die Bearbeitung von **Störungsfällen**, oder auch **Incidents**, ist das zentrale Element des **Incident Managements**. Dabei muss es sich bei Incidents nicht zwangsläufig um schwerwiegende Probleme handeln. Selbst der Austausch einer leeren Tonerkartusche in einem Drucker wird als Incident gesehen. Aus diesem Grund wird dieser Begriff auch häufig als **Zwischenfall** oder ungeplantes Ereignis, das den Standardbetrieb unterbricht, definiert. Oberstes **Ziel** ist die schnellstmögliche Wiederherstellung des dadurch betroffenen Service.

Der Prozess des Incident Managements startet mit der Dokumentation der Meldung im **Issue-Tracking-System,** wobei eine erste Kategorisierung vorgenommen wird. Diese zielt auf die Einteilung nach **Hardware**, **Software** oder auch **Netzwerk**.

Als Nächstes steht eine weitreichende Priorisierung an. Diese ergibt sich aus:

- **Dringlichkeit (Urgency):** Wie stark wirkt sich die Störung auf die Erreichung des Ziels des Mitarbeiters aus?
- **Auswirkung (Impact):** Wie viele Mitarbeiter sind von der Störung betroffen?

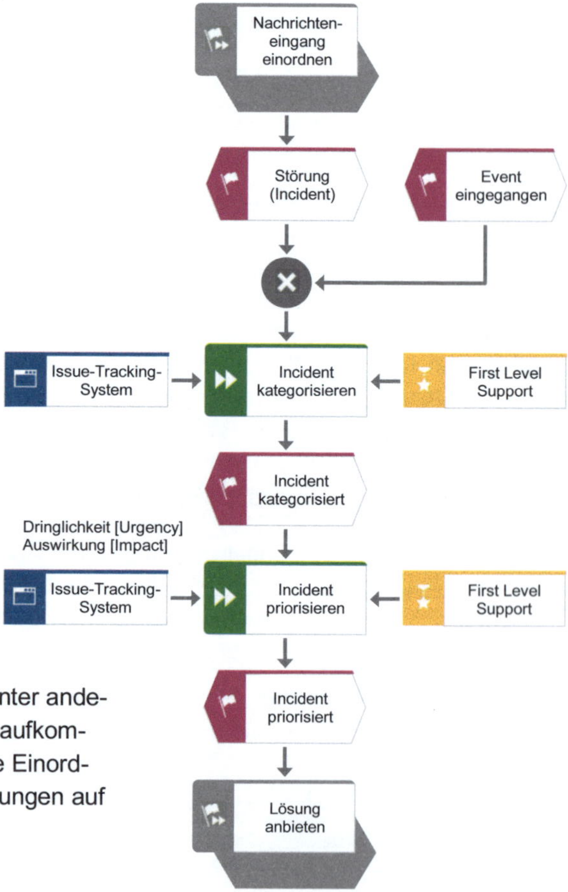

Auf Basis dieser Informationen wird unter anderem die Reihenfolge bestimmt, in der aufkommende Tickets bearbeitet werden. Die Einordnung der Incidents hat große Auswirkungen auf die Produktivität von Unternehmen.

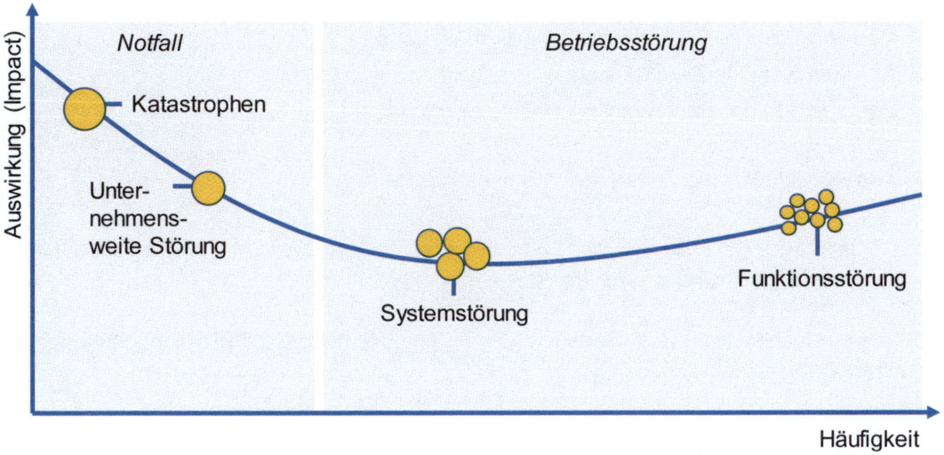

29. *Interpretieren Sie die obige Grafik bezüglich der Auswirkung von Incidents.*
30. *Überlegen Sie sich eine erste Einordnung, welche Incident-Kategorien in Bezug auf das IT-System sinnvoll wären. Nutzen Sie dazu folgende Nachrichteneingänge. Richten Sie gegebenenfalls weitere Kategorien ein:*
    a) *Monitor defekt*
    b) *ERP über den Browser ist nicht erreichbar, andere Webseiten schon*
    c) *Toner des Druckers ist leer*
    d) *Aufruf der Textverarbeitung führt zum „Einfrieren“ des PC*
    e) *Smartphone verbindet sich nicht mit dem öffentlichen Netz*
    f) *neue Mitarbeiterin kann nicht auf die Personaldaten im ERP-System zugreifen*
    g) *Druckbefehl auf einem Arbeitsgruppenplatzdrucker wird nicht umgesetzt*
    h) *Festplattenkapazität auf dem Server des RAID 5-Systems nahezu erschöpft*
31. *Wozu ist eine solche Zuordnung der Kategorisierung und Priorisierung im Issue-Tracking-System sinnvoll?*

9.1 Service Level Agreements

Bei der Bearbeitung von Anfragen muss stets beachtet werden, welche Lösungszeiten zuvor mit dem Kunden vereinbart wurden. Diese Vereinbarungen und viele weitere, werden **Service Level Agreements (SLA)** genannt und basieren auf einer vorangestellten genauen Anforderungsdefinition **(Service Level Requirement)** des Kunden.

Ein **Service Level** beschreibt explizit messbare Größen einer Serviceleistung. Somit müssen solche Zielvereinbarungen mit dem Kunden den Anforderungen des **SMART-Prinzips**, das ebenfalls im Projektmanagement Anwendung findet, entsprechen:

- **Specific:** Unmissverständliche und eindeutige Definition des Ziels.
- **Measurable:** Die Zielerreichung muss messbar sein.
- **Achievable:** Das Ziel muss erreichbar sein.
- **Relevant:** In der Beschreibung sollen nur relevante Leistungen vermerkt sein.
- **Timely:** Spezifische Zeiten sollen definiert werden.

In der Praxis regelt ein **Allgemeiner Service Level Vertrag** alle zu vereinbarenden Begrifflichkeiten, die dann Grundlage für die SLA sind:

- Leistungsbeschreibung (Service)
- Nutzungszeiten des Kunden
- Preise
- Kommunikationsweg
- Lösungszeit
- Servicezeiten
- Antwortzeiten (Obergrenzen)
- Zuverlässigkeit (Erreichbarkeit der Systeme)
- Regeln der Priorisierung
- Dokumentationswesen
- Wartungsfenster
- Mitwirkungspflicht des Kunden
- **Nachweispflicht** (Reporting)

Beispiel: Der SaaS-Anbieter Google LLC® sichert für das Produkt Google Workspace® folgendes Service Level Agreement:

"Service" means the Google Workspace Services.

"Service Credit" means the following:

Monthly Uptime Percentage	Days of Service added to the end of the Service term (or monetary credit equal to the value of days of service for monthly postpay billing customers), at no charge to Customer
< 99.9% - >= 99.0%	3
< 99.0% - >= 95.0%	7
< 95.0%	15

ıstomer Must Request Service Credit. In order to receive any of the Service Credits described above, Custom

Quelle: https://workspace.google.com/terms/sla.html

Diese Einhaltung der vereinbarten Zeiten werden in einem eigenen Prozess, dem **Service Level Management (SLM)** überwacht. Ein Verstoß gegen diese Vereinbarungen kann weitreichend sein. Eine „Wiedergutmachung“ kann von anteiliger Gebührenreduzierung bis zu beachtlichen Konventionalstrafen und Schadensersatz reichen.

Ein SLA ist aber nicht lediglich als eine Vereinbarung in eine Richtung zu verstehen. Auch für den Kunden, respektive den Anwender gelten Pflichten. Diese **Mitwirkungspflicht** regelt beispielsweise, in welchem Fall Störungen gemeldet werden müssen, wie der Kunde bei der Fehlersuche helfen soll, wie der Zugriff zum Arbeitsplatz real oder virtuell ermöglicht wird oder wer prinzipiell der erste Ansprechpartner bei Störungen ist.

„Servicezeiten sind mittwochs von 06:00 bis 06:30 Uhr. Man muss ja auch an seine Work-Life-Balance denken!"

> 32. *Wie viele Minuten Ausfall pro Woche wären beim Google Workspace maximal zulässig, ohne dass Tage bzw. Kosten gutgeschrieben werden?*
>
> 33. *Welche Auswirkung ein Ausfall der IT hat, hat Techconsult® im Auftrag von Hewlett-Packard® erforscht. Dazu wurden 300 mittelständische Betriebe befragt. Als Ergebnis zeigte sich, dass in diesen Unternehmen ein Ausfall der IT pro Stunde etwa 40.000 Euro kostet.*[3] *Diskutieren Sie, wie solche hohen Kosten eines Ausfalls zu erklären sind.*

9.2 Erste Unterstützung geben

Damit der First Level Support bestmöglich helfen kann, muss er eine maximale Unterstützung erfahren. Hilfreich sind Zugriff auf die Anwenderhistorie über das Issue-Tracking-System und eine möglichst große Wissensbasis, zum Beispiel durch ein unternehmenseigenes Wiki-System.

Extrem wichtig für eine schnelle Hilfe sind Erkenntnisse aus bereits gelösten Fällen, sogenannte **Known Errors**. Diese werden in einer entsprechenden Datenbank **(Known Error Database)** gespeichert und stehen dem First Level Support als Unterstützung zur Verfügung.

Sollte einem Anwender keine Lösung angeboten werden können, handelt es sich organisatorisch um eine funktionale **Eskalation**. Das bedeutet, dass nun der Second Level Support beauftragt wird, sich um eine Fehlerfindung zu bemühen.[4]

- Ab jetzt wird aus einem **Incident** ein **Problem!**

---

[3] *https://www.cio.de/a/it-ausfall-kostet-bis-zu-41-000-euro-pro-stunde,2918599*

[4] *Kann beispielsweise eine SLA nicht eingehalten werden, worüber ggf. der Service Owner informiert werden sollte, handelt es sich um eine hierarchische Eskalation*

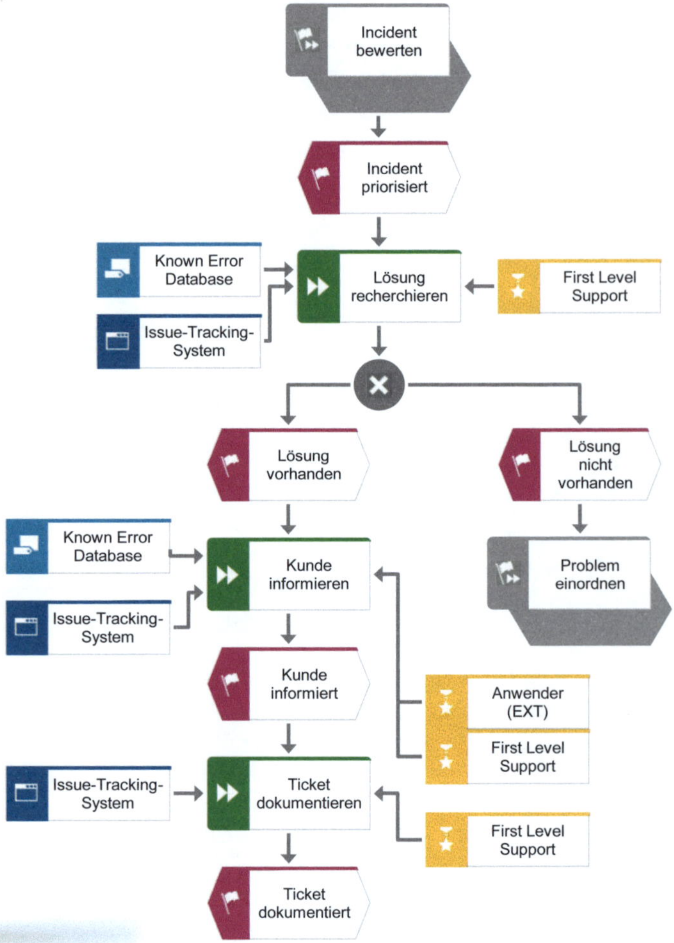

34. *Exkurs: Um das ITSM auch auf internationaler Ebene anbieten zu können, beschließt die Geschäftsführung der WOLIT-Solutions, die Prozessbeschreibungen in englischer Sprache anzubieten.*

Übersetzen Sie die Prozesse, in denen der First Level Support den Prozess ausführt, ins Englische. Eine entsprechende Blanko-Vorlage finden Sie bei www.wolkenlos-germany.de.

10 PROBLEMLÖSUNGEN FINDEN (PROBLEM MANAGEMENT)

Die Fehlersuche ist eine Aufgabe für Spezialisten. Und so sind Ihre Fachkenntnisse in diesem Bereich gefragt. Dabei heißt es bei der Vielzahl eingehender Meldungen nicht den Kopf zu verlieren, schnellstmöglich ein funktionierendes Arbeitsumfeld zu schaffen und der Ursache auf den Grund zu gehen.

10.1 Problemlage einordnen

Der Prozess des **Problem Managements** wird wie erwähnt durch den **Second Level Support** bearbeitet. Im Gegensatz zum Helpdesk im First Level Support, bei dem qualifizierte, aber weniger fachkundige Mitarbeiter Auskunft geben können, sind nun Fachleute zur Fehlerfindung gefragt.

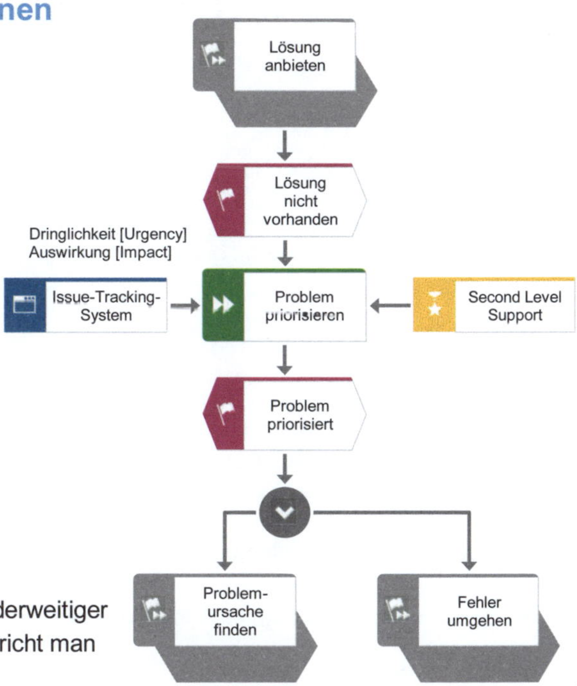

Das Problem Management ist bemüht, Incidents zu vermeiden und Probleme zu beheben. Somit ist das Problem Management die „2. Ebene des Incident Managements".

Sollte Herstellersupport bzw. ein anderweitiger externer Support notwendig sein, spricht man vom **Third Level Support**.

Definitorisch ist ein **Problem** eine noch unbekannte Ursache einer Störung.

Im ersten Schritt erfolgt die **Priorisierung** der anstehenden Probleme aus fachlicher Sicht:

- **Dringlichkeit (Urgency):** Wie schnell muss das Problem behoben werden, damit der Service vertragsgerecht wieder hergestellt wird?
- **Auswirkung (Impact):** Wie viele Mitarbeiter sind betroffen und wie stark ist demnach das Unternehmen und die Produktivität betroffen?

Es versteht sich, dass die Priorisierung nachfolgend großen Einfluss darauf hat, welche anstehenden Probleme als Erstes behoben werden.

Das Problem Management unterteilt sich in nachfolgende Aktivitäten:

1. **Problem Control** (Kapitel 10.2): Alle Probleme werden grundlegend analysiert und dokumentiert. Dieses stellt immer den ersten Schritt dar und wandelt Probleme mittels Ursachenforschung in bekannte Fehler.
2. **Error Control** (Kapitel 10.3): Die Auswirkungen der bekannten Fehler können mit einer Problemumgehung minimiert werden. Sobald der Service wieder hergestellt ist, beginnt die nachhaltige Fehlerbehandlung über Änderungsanträge. Der Prozess endet mit einer Qualitätskontrolle.
3. **Proaktives Problem Management** (Kapitel 10.4): Probleme zu finden, bevor Störungen auftreten, zählt ebenfalls zum Aufgabenbereich des Problem Managements.

i

35. *Das ITSM-Konzept verfolgt mit der Trennung des First und Second Level Support neben der fachlichen Zuordnung auch das Ziel, den Fachleuten den Rücken freizuhalten. Was könnte mit diesem Ziel gemeint sein?*
36. *Warum sieht dieser Prozess eine erneute Priorisierung im Problem Management vor, nachdem diese ja schon im Incident Management durchgeführt wurde?*

10.2 Problemursache finden

Beim Problem Management steht erneut der Faktor Zeit zur Beseitigung des Problems je nach Fehlerkategorisierung an oberster Stelle. Bei der Suche nach der Ursache des Problems nimmt die **Known Error Database** mit der Dokumentation bekannter Fehler wieder eine hausragende Rolle ein.

Gemäß der Einordnung werden anstehende Tickets ausgewählt und bearbeitet.

Bei der Suche nach Fehlern können u. a. folgende Verfahren genutzt werden:

- Ursachen ermitteln
- Ausschlussverfahren anwenden
- Fehler reproduzieren und provozieren

Ergebnis dieses Teilprozesses ist ein neuer Eintrag in der Known Error Database. Sofern der Fehler bereits vorher bekannt war, wird der Vorfallszähler für diesen bekannten Fehler erhöht.

i

37. *Welches Ziel verfolgt das Konzept des Vorfallszählers Ihrer Meinung nach?*

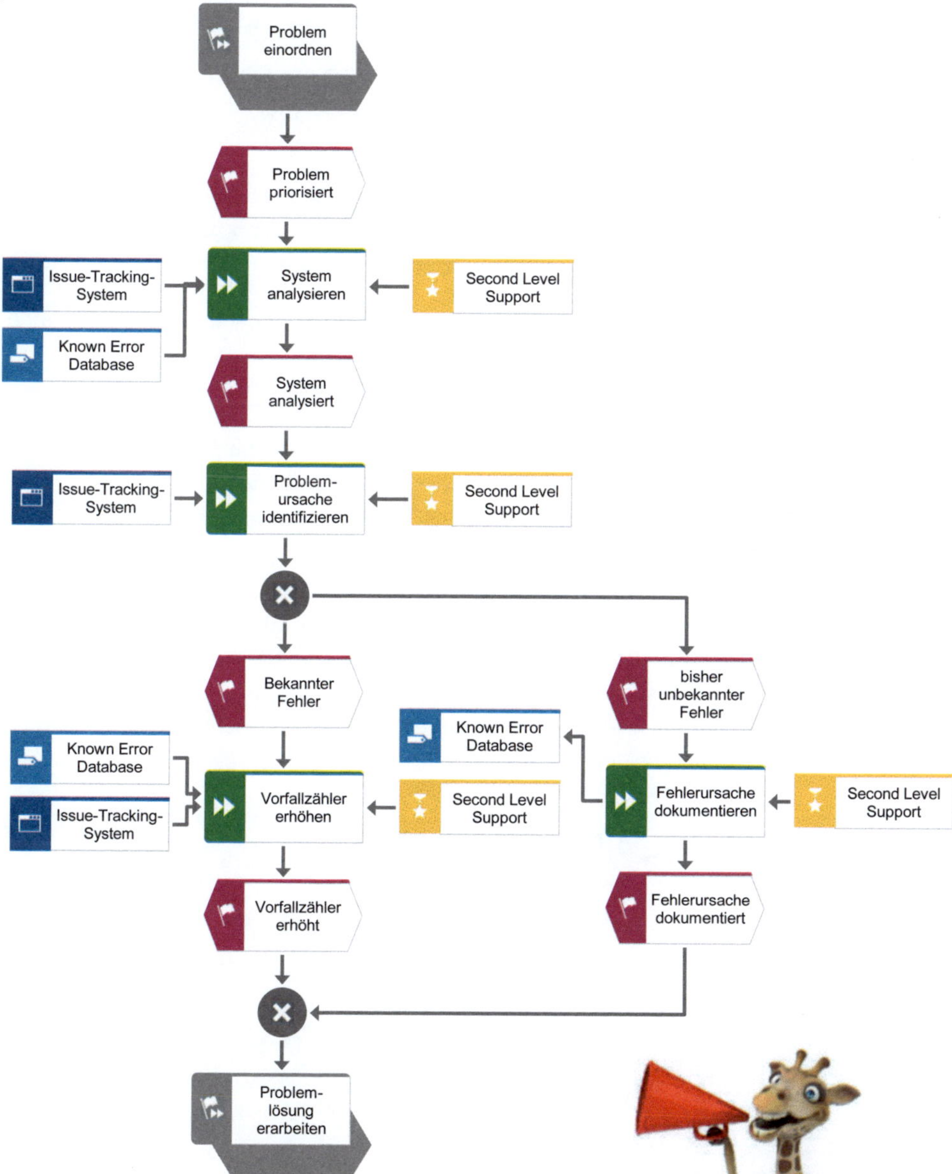

„Bleiben Sie ruhig! Wir suchen schon das Problem!"

10.3 Problemursachen umgehen und Änderungen anweisen

Wie erläutert, ist das oberste Ziel des ITSM die Maximierung des fehlerfreien Betriebs gemäß der SLA. Somit ist die schnellstmögliche Wiederherstellung eines Service elementar. Auf welchem Weg dieses Ziel erreicht wird, ist zunächst nebensächlich.

So ist es vollkommen legitim, Mittel und Wege zu finden, die außerhalb der eigentlichen Reparatur oder eines Austauschs von Komponenten liegen. Ein **Workaround** hilft, den Service übergangsweise wieder aufzunehmen, bis das eigentliche Problem gelöst wurde.

Um gedanklich in das Konzept des Workarounds zu kommen, soll nachfolgendes Szenario helfen:

- In einem Büro bilden je 4 Personen zwei Arbeitsteams.
- Team 1: IP 172.16.2.10 bis 172.16.2.13 sowie Drucker 172.16.2.40.
- Team 2: IP 172.16.2.14 bis 172.16.2.17 sowie Drucker 172.16.2.41.
- Die Verwaltung ist über den Verzeichnisdienst Windows Active Directory organisiert.
- Drucker Team 1 (172.16.2.40) ist vom Team 1 nicht mehr erreichbar. Das Problem Management nennt als Grund ein defektes Netzteil, das nicht mehr auf Lager ist.
- Workaround: Der Netzwerkadministrator leitet alle Druckaufträge des Teams 1 auf den Drucker des Teams 2 (172.16.2.41) um.
- Der Service ist wieder hergestellt, um die eigentliche Problemlösung kümmert sich der Second Level Support später.

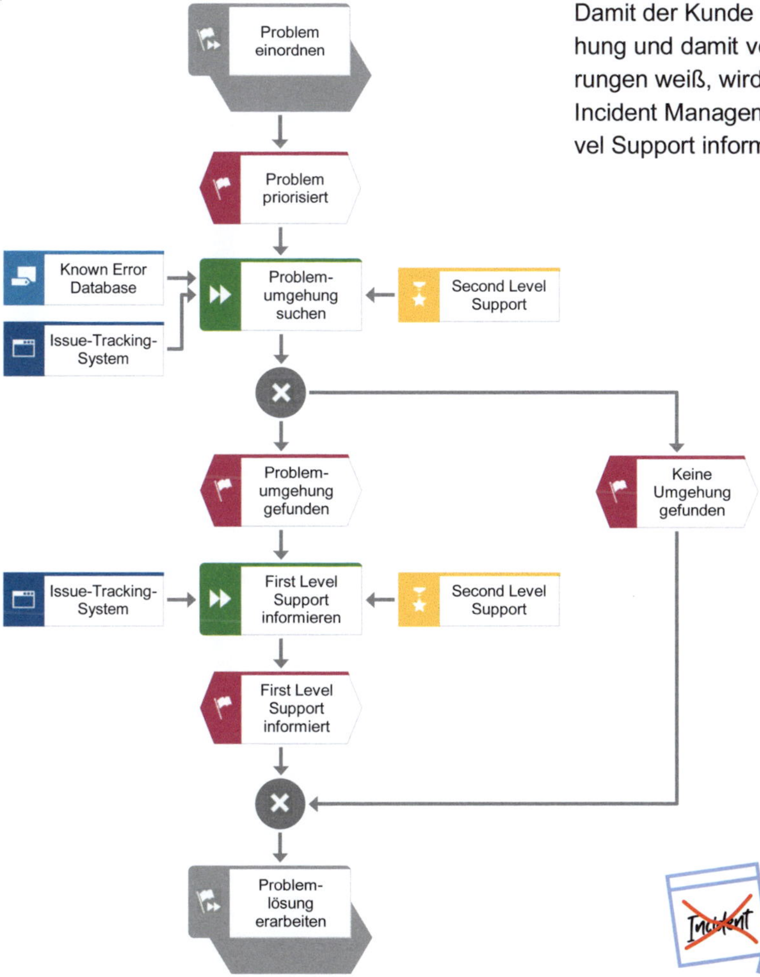

Damit der Kunde von der Umgehung und damit verbundenen Änderungen weiß, wird er in den Prozess Incident Management vom First Level Support informiert.

Nach oder während der schnellen Wiederherstellung des Service folgt zusätzlich die bereits beschriebene Suche nach der Problemursache (vgl. Kap. 10.2). Über die daraus resultierende, bestmögliche Problemlösung und den damit verbundenen Änderungen am System wird das **Change Management** über eine Änderungsanforderung **(Request for Change – RFC)** informiert.

Nachdem die Änderung umgesetzt wurde, erhält das Problem Management die Bestätigung über einen **Post Implementation Review (PIR)**. Abschließend wird der First Level Support in Kenntnis gesetzt, damit er den Kunden über die Fehlerbehebung informieren kann.

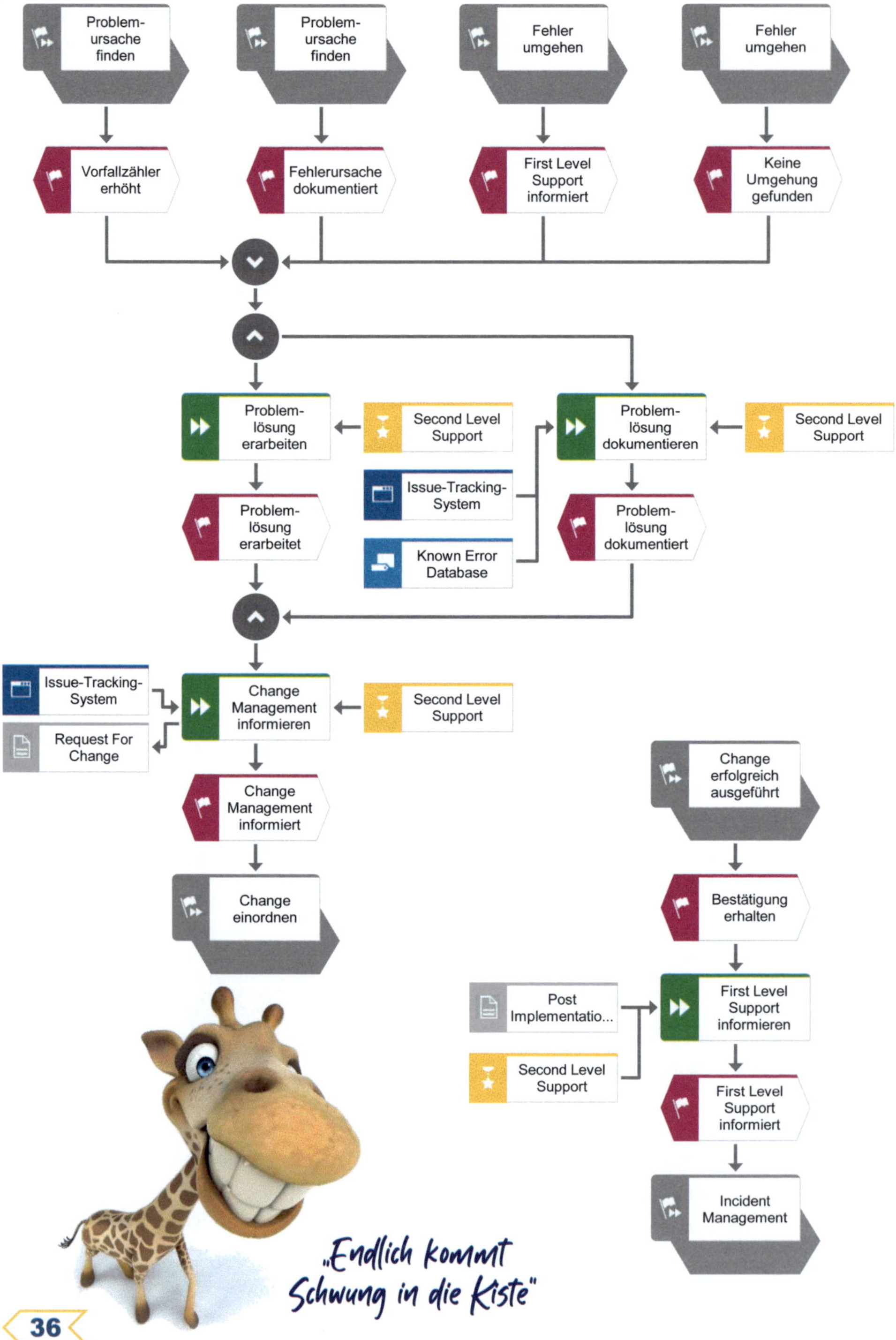

„Endlich kommt Schwung in die Kiste"

38. *Diskutieren Sie, welche Gründe für die Trennung von Problemlokalisierung durch das Problem Management und Problemlösung durch das Change Management sprechen.*

39. *Überlegen Sie sich Möglichkeiten eines Workarounds für folgende Fälle:*
    a) Die integrierte Webcam eines Notebooks ist defekt.
    b) Ein mobiles Datenerfassungsgerät für Flugtickets ist defekt.
    c) Der kabelgebundene Netzwerkanschluss eines Büro-PC ist defekt.
    d) Der digitale DVI-Monitoranschluss am PC ist defekt.
    e) Ein Laserdrucker startet nicht.
    f) Der Internetbrowser reagiert nach einiger Zeit nur noch mit einer weißen Seitendarstellung.

10.4 Proaktives Problem Management

Abgesehen von der nachhaltigen Lösung von Problemen ist auch das Erkennen von zukünftigen Problemen eine Aufgabe des Problem Managements:

- Zur Analyse häufig vorkommender Known Errors werden die bekannten Vorfallzähler ausgewertet. Ein wichtiger Indikator für Probleme, denen man sich trotz vorheriger Lösung annehmen sollte. Probleme dieser Art erhalten demnach eine höhere Priorität. Ziel muss es sein, diese zu lösen, bevor sie wieder auftreten.
- Auch Hinweise von Herstellern über Soft- und Hardwareprobleme oder eine bevorstehende Einstellung des Supports gehen in diese Betrachtung mit ein.
- Gleiches gilt für automatisierte Warnungen oder Exceptions.

40. *Könnte das Proaktive Problemmanagement helfen, die Kennzahl „Number of new problems" nachhaltig zu minimieren?*

41. *Das Problem Management kennt weitere Kennzahlen, wie die „Number Of Incidents Per Known Problem". Was könnte die Kennzahl bedeuten und welches bereits bekannte Hilfsmittel unterstützt die Ermittlung der Kennzahl?*

42. *Besonders interessant für wirtschaftliche Betrachtungen ist die Kennzahl „Problem Resolution Effort". Übersetzen Sie diese Kennzahl ins Deutsche und deuten Sie die Wichtigkeit der Möglichkeit der vorherigen Kategorisierung von Problemen.*

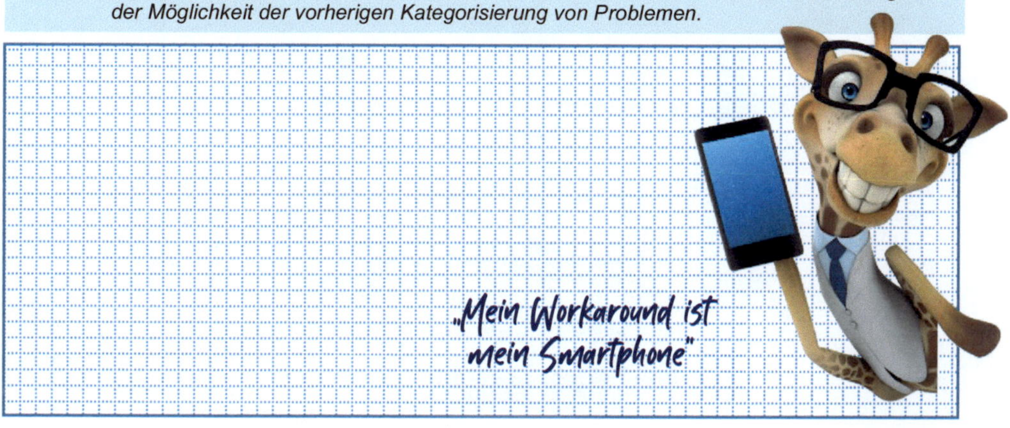

11 ÄNDERUNGEN DURCHFÜHREN (CHANGE MANAGEMENT)

Mal eben schnell etwas an der IT-Infrastruktur zu ändern sollte gut überlegt sein, denn es gilt, viele Besonderheiten zu berücksichtigen. So steht jede einzelne Änderungsanfrage auf dem Prüfstand. Damit verbundene markante Entscheidungen sollten Ihnen als professionelle Fachkraft bekannt sein.

Der Prozess **Change Management** kümmert sich um die Genehmigung und Planung anstehender Änderungen im IT-System. Das Change Management wird als dritte Stufe des ITSM bezeichnet.

11.1 Änderungen einordnen

Das Problem Management hat die Änderung durch einen **Request for Change (RFC)** initiiert. Dieser beinhaltet u. a. die Beschreibung der Veränderungsanforderung, den Grund der Durchführung, eine Zeitvorgabe, eine Priorität, befürchtete **Nebeneffekte** (Side Effects), mögliche Kosten und vieles mehr. Grundsätzlich beschreibt ein Änderungsauftrag lediglich, was zu tun ist, nicht aber die Art und Weise der Änderungsausführung. Die Art und Weise wird im nachfolgenden Prozess Change Management **erarbeitet**.

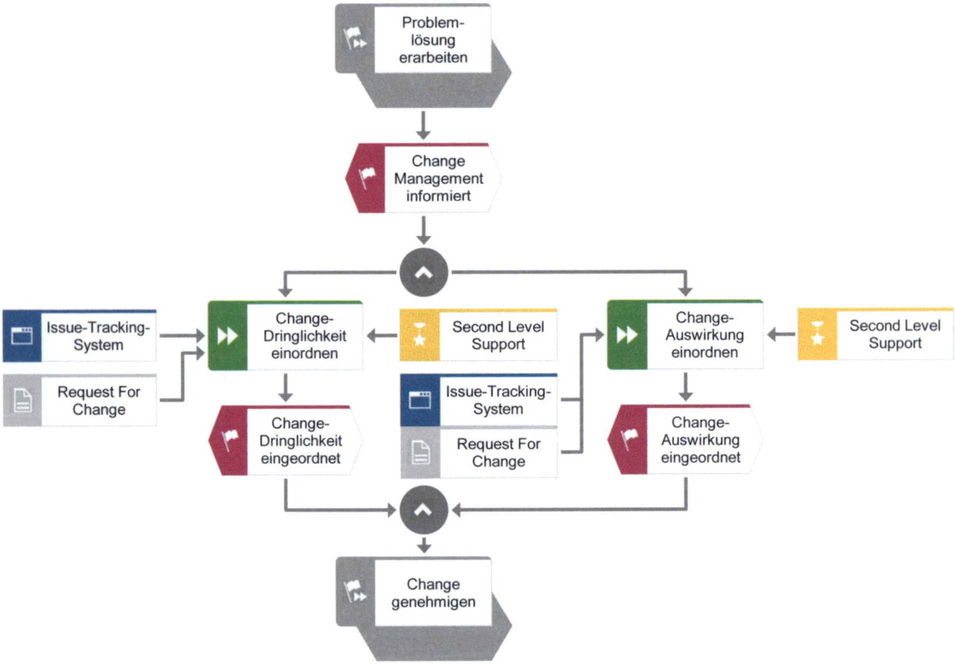

Aufgrund der Vielzahl der eingehenden RFC werden diese zunächst nach **Dringlichkeit** (urgency) und **Auswirkung** (impact) priorisiert. Die Dringlichkeit wird wie folgt unterteilt:

- **Priority Immediate:** Sofortiges Handeln notwendig
- **Priority High:** Unverzügliches Handeln notwendig
- **Priority Middle:** Notwendig, aber nicht dringend
- **Priority Low:** Unbedeutend, aber wünschenswert

Nachfolgend werden die anstehenden Changes gemäß ihrer Auswirkung (Impact), also bezüglich der Beeinträchtigung des Geschäftsprozesses, eingeteilt:

- **Effect Low:** Geringe Auswirkung auf die IT-Dienstleistung, kaum Aufwand. Beispiel: günstiger Drucker wird ausgetauscht.
- **Effect Middle:** Mittlere Auswirkung, erhöhter Aufwand. Beispiel: Umstellung der Betriebssysteme aller PC.
- **Effect High:** Hohe Auswirkung, sehr hoher Aufwand. Beispiel: Einführung eines neuen ERP-System Release.

11.2 Änderungen genehmigen

Änderungsanträge müssen also zunächst genehmigt werden. Die zunächst merkwürdig anmutende Trennung zwischen einordnen/genehmigen und planen/ausführen wird im ITSM ganz bewusst vorgenommen. Diese Zerstückelung des Gesamtprozesses ist nicht zwangsläufig mit einem Wechsel der ausführenden Person gleichzusetzen. Je nach Unternehmensgröße wird die Person, die einen Fehler gefunden hat, diesen natürlich auch reparieren.

Die erwähnte Trennung der Teilprozesse verfolgt das wichtige Ziel, nicht reaktiv irgendeinen Fehler zu beheben, ohne das Gesamtsystem zu berücksichtigen, sondern mit Fachleuten nachhaltige Entscheidungen zu treffen.

Die Beteiligten des Change Managements treffen zunächst die Entscheidung, ob und wie dringend eine Änderung durchgeführt werden soll. Je nach RFC kann die Reichweite der Entscheidung sehr unterschiedlich sein. Daher setzt sich das Entscheidungsgremium durch unterschiedliche Fachleute zusammen:

- **Change Manager:** Entscheidet allein über Änderungen geringerer Reichweite.
- **Change Advisory Board (CAB):** Ein Experten-Team aus verschiedenen Unternehmensbereichen entscheidet über Änderungen mittlerer Reichweite.
- **Chief Information Officer (CIO):** Eine auf der Geschäftsführung oder Vorstandsebene angesiedelte Person, die die Interessen der IT zu vertreten hat.

- **Emergency Commitee (EC/ECAB):** Ein kleines, mit weitreichenden Handlungsbefugnissen ausgestattetes Experten-Team, das bei dringenden Fällen schnell Entscheidungen treffen kann.

Die Change-Arten werden mit Hinblick auf die Priorisierung und die Gesamtbetrachtung des Status Quo unterschieden:

- **Standard Change:** Durch einen Katalog von Änderungen vorab autorisierte Änderungen mit geringem Risiko.
- **Normaler Change:** Mittleres Risiko, mittlere Dringlichkeit, mittlere Komplexität, Einbindung des CAB.
- **Notfall Change:** Hohe Dringlichkeit, kurzfristige Lösung, CAB/ECAB Einbindung.

Wurde ein Änderungsantrag durch das entsprechende Gremium genehmigt, geht es an die Planung der Änderung.

i

43. *Warum sieht das ITSM so ein aufwendiges Genehmigungsverfahren vor?*
44. *Verhindert dieses komplizierte Verfahren spontane Entscheidungen?*
45. *Weisen Sie den drei beschriebenen Change-Arten das jeweilige Gremium zu.*
46. *Treffen Sie eine Einschätzung, um was für eine Art von Change es sich handelt und welches Gremium darüber entscheidet:*
    a) Das ERP mit 100 Arbeitsplätzen soll von Version 3.7 auf 4.0 gehoben werden.
    b) Die Druckerserie PM120 wird gänzlich vom Hersteller eingestellt. 30 Drucker sind vom neuen Modell, 20 ältere Drucker sollen ausgetauscht werden.
    c) Der Dokumentenscanner der Buchhaltung ist defekt. Es steht eine Neuanschaffung an.
    d) Der ERP-Server hat durch eine nächtliche Spannungsspitze durch ein Gewitter einen schwerwiegenden Defekt. Am Morgen sind 150 Mitarbeiter auf das System angewiesen.

11.3 Änderungen planen

Das Umsetzen von Änderungen kann sehr vielschichtig sein und so ist der Aufwand beim Austausch eines Druckers anders einzuordnen als das Einspielen einer neuen ERP-Version mit anschließender Schulung der Mitarbeiter. Der Prozess des Change Managements sieht lediglich die **Initiierung und Überwachung** der Änderungen vor.

Um zu entscheiden, wie eine Änderung umgesetzt werden soll, wird stets das Gesamtsystem berücksichtigt. Damit verbundene Fragestellungen sind:

- Gibt es mehrere zu ändernde CI gleichen Typs?
- Sind ohnehin Maßnahmen der Umstrukturierung oder ein Austausch geplant, bevor ein CI ausgetauscht werden soll?
- Soll das CI durch ein baugleiches ausgetauscht werden oder werden basierend auf Erfahrungen andere Geräte bevorzugt?

- Hat ein Austausch eines CI Nebeneffekte **(Side Effects)**?
- Ist der Austausch eines CI technisch, ökologisch und wirtschaftlich zu verantworten?

Auf Grundlage der nachhaltigen Lösung können Änderungen auch von langfristiger Natur sein. Eine mögliche Planung solcher Änderungen werden im Kalender, dem **Forward Schedule of Change (FSC)**, dokumentiert. Dabei sollte immer so geplant werden, dass die Ausfallzeit möglichst gering gehalten wird.

Insbesondere wenn Änderungen umfangreich sind, wird eine gute Planung mit entsprechenden Tools (siehe Kapitel 14) als unabdingbar angesehen. Für die zeitlich gesteuerte Umsetzung und Überwachung ist der **Change Manager (CM)** verantwortlich.

Natürlich gilt auch hier, dass jede Änderung dokumentiert werden sollte. Um Änderungen an CI zentralisiert zu dokumentieren, findet eine Datenbankanwendung **(Configuration Management Database – CMDB)** Anwendung. In dieser werden alle CI mit entsprechender Ausstattung und Lizenznummer hinterlegt.

Nachdem die Planung abgeschlossen ist, greift bei umfangreicheren Änderungen der Prozess des **Release Managements** (Kapitel 11.5). Kleinere Änderungen mit dem Ziel einer Instandsetzung können ggf. direkt ausgeführt werden („**Repair Fulfillment**").

> 47. *Sie haben gelesen, was die Giraffe Hubert von der Idee der Zerlegung in Incident-, Problem-, Change- und Release Management hält. Nehmen Sie zu der Aussage Stellung, indem Sie jeden Managementansatz mit einem Satz beschreiben.*

11.4 Änderungen abschließen

Nachdem die Änderung umgesetzt wurde (Kapitel 11.5), dokumentiert das Change Management alle Maßnahmen und vor allem die Fehlerursache für spätere gleichartige Fehler in der CMDB und Known Error Database.

Zudem wird eine Gesamtbetrachtung der Veränderung erstellt. Im sogenannten **Post Implementation Review (PIR)** werden alle markanten Punkte des Change wie Testverlauf, Umsetzung, Veränderungen zum vorherigen System, Kosten, Aufwand sowie Zeitangaben dokumentiert.

> 48. *Welche Idee steckt hinter einem abschließenden Bericht, der einen Change genauer betrachtet?*

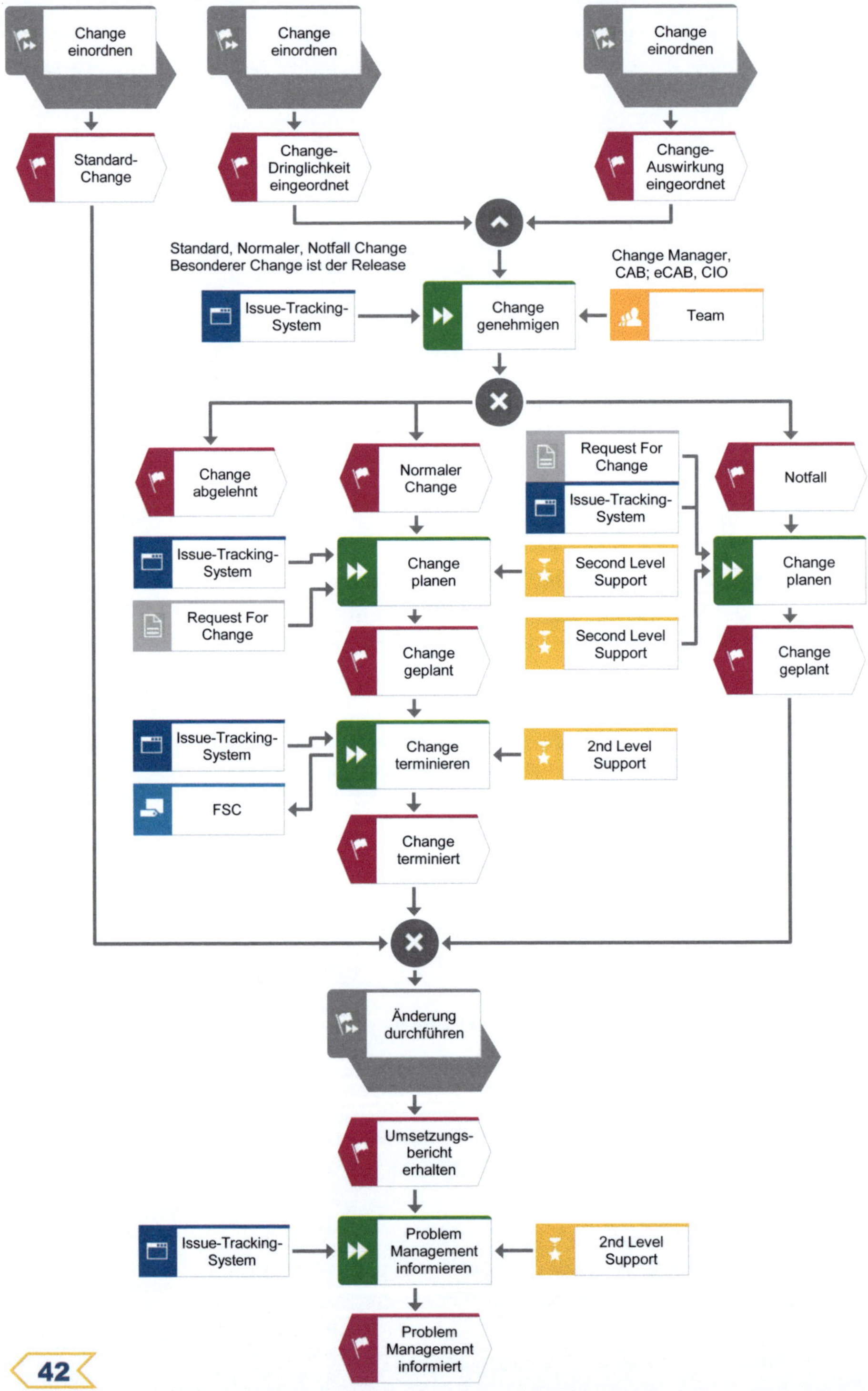
Change einordnen
Change einordnen
Change einordnen
Standard-Change
Change-Dringlichkeit eingeordnet
Change-Auswirkung eingeordnet
Standard, Normaler, Notfall Change
Besonderer Change ist der Release
Change Manager, CAB; eCAB, CIO
Issue-Tracking-System
Change genehmigen
Team
Change abgelehnt
Normaler Change
Request For Change
Issue-Tracking-System
Notfall
Issue-Tracking-System
Change planen
Second Level Support
Change planen
Request For Change
Change geplant
Second Level Support
Change geplant
Issue-Tracking-System
Change terminieren
2nd Level Support
FSC
Change terminiert
Änderung durchführen
Umsetzungs-bericht erhalten
Issue-Tracking-System
Problem Management informieren
2nd Level Support
Problem Management informiert

11.5 Änderungen umsetzen (Release Management)

Das Release Management ist die Fortsetzung des Change Management und somit die vierte Ebene des ITSM. Das planvolle Vorgehen bei der Umsetzung sieht die Minimierung von Gefahren, die Informierung aller Beteiligten sowie eine reibungslose Umsetzung von RFC ohne Ausfallzeiten vor. Vorhaben dieser Art sind meist aufwendig und weitreichend. Nicht selten sind gleich eine Vielzahl von Computer Items von Änderungen betroffen, was ein besonderes Vorgehen in Projektform verlangt **(Release Project)**.

Ein Release Project muss jedoch nicht immer mit weitreichenden und kostspieligen Erweiterungen einhergehen. Ein globales Treiberupdate für einen Druckertyp stellt diesbezüglich ein gutes Beispiel für eine Wartung dar. Ein Versionssprung des ERP-Systems für die gesamte Unternehmung wäre eine Beispiel für eine kostenintensive Verbesserung mit dem Ziel eines leistungsfähigeren Service (man spricht von einer Anhebung einer **Baseline**). Dass das enorme Gefahren birgt und daher besonders umsichtig geschehen muss, dürfte klar sein.

Zur Umsetzung wird zunächst ein **Releasepaket** mit allen Änderungen erstellt. Zum Testen wird vorzugsweise ein CI aus dem laufenden Betrieb genommen, aktualisiert und wieder in den Produktiveinsatz überführt. Verläuft dieser **Test** für eine definierte Zeit ohne Probleme, kann das Release auf alle Systeme ausgerollt werden (vgl. PDCA-Prozess, S. 51). Ein Softwareverteilungssystem hilft, Releases auf viele CI effektiv zu verteilen.

Das Umsetzen eines Release kann auf unterschiedliche Art und Weise geschehen:

- **Big Bang:** Ausrollen eines Release bei allen Empfängern
- **Phased:** Ausrollen eines Release bei einer Teilmenge der Empfänger

Falls dann doch unverhofft ein Release in der Produktumgebung nicht fehlerfrei funktioniert, sollte ein **Rollback** mit dem alten Stand verfügbar sein. Zum Abschluss des Prozesses wird der Anwender durch die Prozessinstanzen über die Aktualisierung informiert.

i

49. *Ein Treiberupdate für digitale Waagen steht zur Verfügung. Warum ist, obwohl es sich nur um ein Treiberupdate handelt, ein strukturiertes Release Management notwendig?*
50. *Welche Vor- und Nachteile können sich aus den beiden Verfahren Big Bang und Phased ergeben?*
51. *Nachfolgend sehen Sie Definitionen aus dem Bereich ITSM. Ordnen Sie diesen Begrifflichkeiten ITSM-Prozesse zu:*
    a) Wartung: Pflege von Systemen, um sie auf dem aktuellen Stand zu halten
    b) Inspektion: Maßnahmen zur Feststellung des Ist-Zustandes eines Systems
    c) Instandsetzung: Überführung eines Systems in einen funktionsfähigen Zustand
    d) Verbesserung: Steigerung der Performanz oder Sicherheit eines Systems
52. *Recherchieren Sie, was unter einer* ***virtuellen Maschine (Virtual Machine)*** *zu verstehen ist und wie diese das Release Management unterstützen kann.*

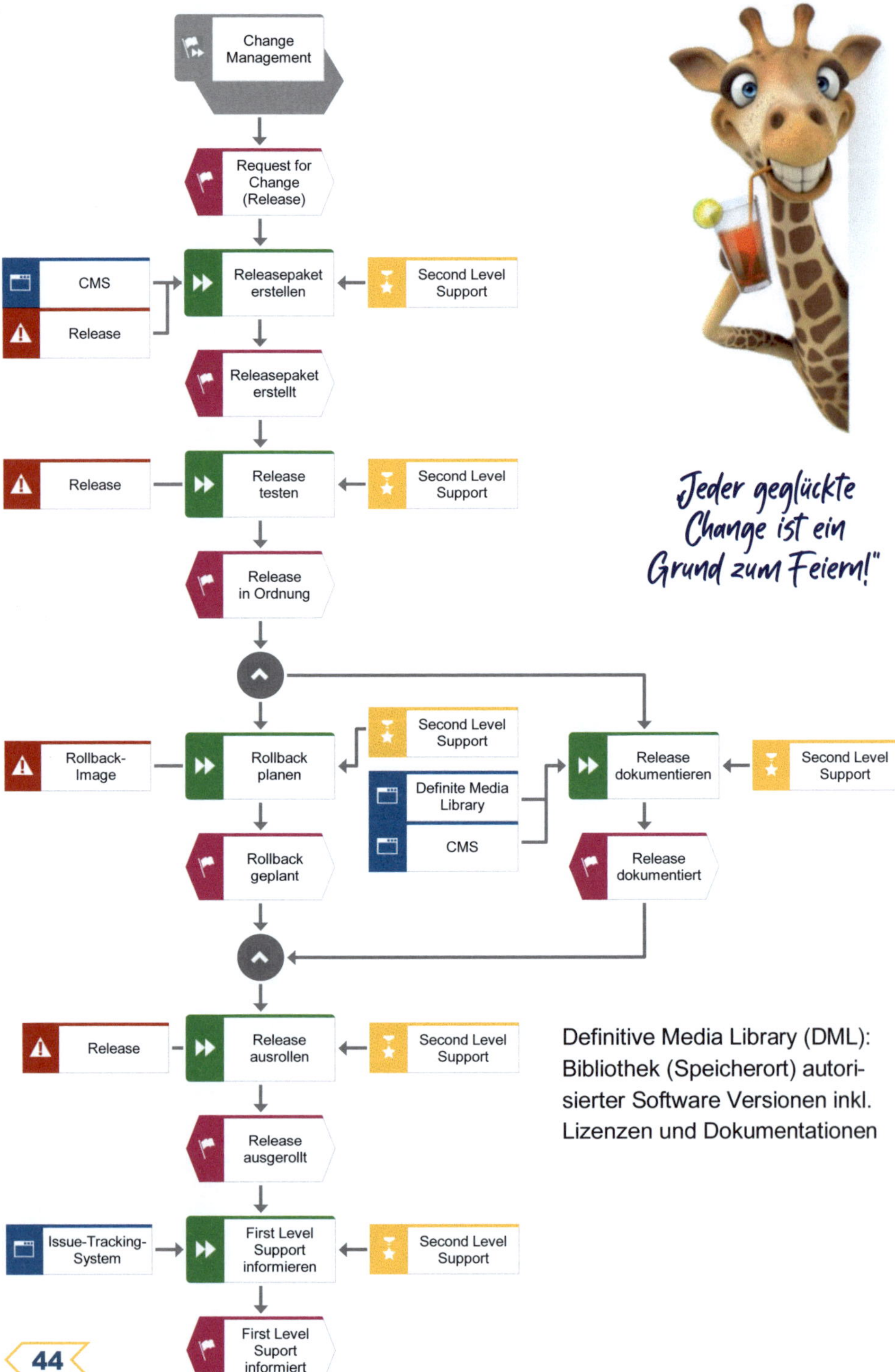

Jeder geglückte Change ist ein Grund zum Feiern!"

Definitive Media Library (DML): Bibliothek (Speicherort) autorisierter Software Versionen inkl. Lizenzen und Dokumentationen

11.6 Zusammenfassung

Der Bereich, den Sie bisher kennengelernt haben, beschreibt den Bereich des ITSM, der vorwiegend auf dem Anlass der Kontaktaufnahme eines Anwenders beruht. Dabei wird das Incident Management und das Problem Management als **Service Operation**, die Überführung von Änderungen im Change Management und Release Management als **Service Transition** bezeichnet.

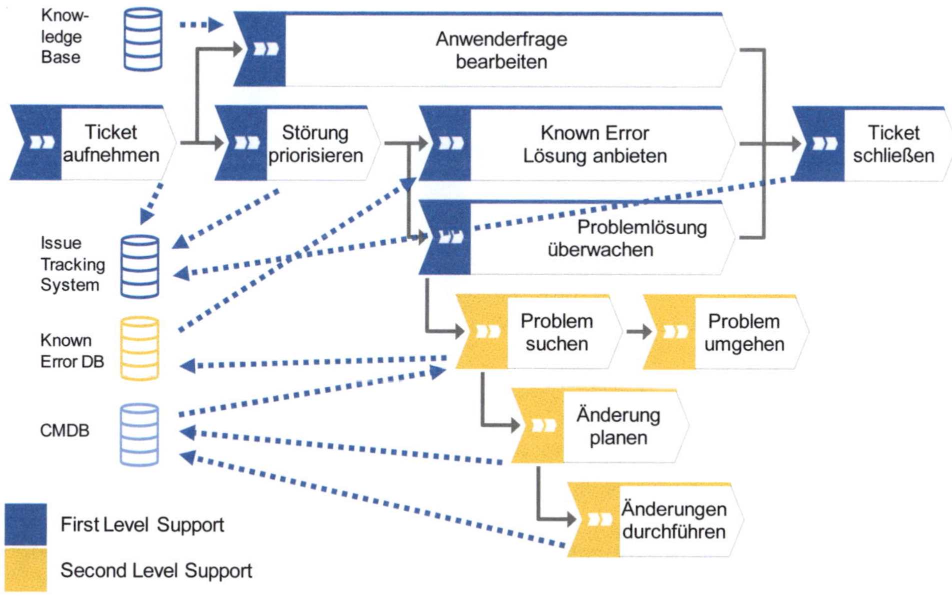

Vorgelagerte Prozesse wie die Bewertung von Lieferanten oder die Überprüfung von IT-Kapazitäten werden häufig als **Service Design** bezeichnet, während Prozesse auf Führungsebene (Finanzen und Sortimentsgestaltung) als **Service Strategy** zusammengefasst werden. Über allen Prozessen steht das Qualitätsmanagement **(Continual Service Improvement)**.

i

53. *Ein IT-Mitarbeiter findet den Grund, warum eine ganze Abteilung nicht mehr mit dem ERP-System arbeiten konnte. Es war ein Patchkabel am Switch, das nicht richtig in der Buchse steckte. Welche Auswirkung hat die Trennung von Problem Management und Change Management auf diesen Fall?*
54. *Bei der Überprüfung der Prozessbeschreibungen des QM-Handbuchs wurde eine Unzulänglichkeit festgestellt. In der EPK in Kapitel 5.2.2 wird das Request Fullfilment auf Seite 13 dargestellt. Sofern ein Mitarbeiter einen Änderungswunsch des IT-Systems hat (z. B. ein neuer Mitarbeiter benötigt einen PC), wird der Prozess über die Prozessschnittstelle „Änderungswünsche bearbeiten" weitergeleitet. Besser wäre es, den korrekten Prozess anzugeben. Wie heißt dieser?*

12 SERVICEANFRAGEN NACHHALTIG MANAGEN

Es macht einen Unterschied, ob Sie dem Bauchgefühl folgend irgendeine Änderung durchführen, oder sich weitblickend verhalten. Dazu gehört es, Leistungen zu überprüfen, die Zufriedenheit des Kunden im Blick zu behalten und den Prozess zu optimieren.

Servicevereinbarungen und deren Einhaltung sind ein Kernstück des ITSM. Es stellt die Überwachung vereinbarter Leistungen und die Abrechnungsgrundlage sicher.

12.1 Erfolg überprüfen

Nachdem der Service wiederhergestellt wurde, muss er technisch und wirtschaftlich überprüft werden. Der Prozess **Service Validation And Testing (SVT)** strukturiert diese Überprüfung.

Das **Testen** überprüft die Qualität von Services und damit verbunden deren CI. Bei diesen Tests handelt es sich nicht um ein „bauchgefühlgesteuertes" Ausprobieren „ob es läuft", sondern um ein planvolles Testmanagement, das nach streng festgelegtem Muster abläuft.

- **Benchmarktest:** Leistungseinschätzung von IT-Systemen mit anderen (Referenz-) Systemen.
- **Komponententest:** Sicherstellung, dass Anforderungen (gem. SLA) erfüllt werden.
- **Integrationstest:** Sicherstellung, dass Anforderungen im Zusammenspiel anderer IT-Systeme erfüllt werden.
- **Abnahmetest:** Bestätigung, dass Anforderungen von Anwendern und Kunden gem. SLA erfüllt werden.

Die Frage, ob ein Service nach wie vor wirtschaftlich angeboten werden kann, beantwortet die **Validierung**.

i 55. *Erstellen Sie eine Checkliste für einen Test eines neu konfigurierten PC.*

12.2 DV-Anlagen dokumentieren

Das Dokumentieren des IT-Systems und damit verbundener Services ist das A&O beim ITSM. Für viele Unternehmen ist diese aufwendige Dokumentation das größte Hemmnis zur Einführung des Konzepts.

Wie in Kapitel 11.3 bereits erwähnt, werden alle CI und deren Beziehungen zueinander in der CMDB erfasst. Geregelt wird das über den Prozess **Configuration Management.**

Die Ablage der Daten in der CMDB über ein **Configuration Management System (CMS)** bringt zahlreiche Vorteile:

- Zugriff mehrerer Prozesse auf die Daten
- Auffinden nicht lizenzierter, nicht zugelassener oder überflüssiger Software
- Standardisierung innerhalb der IT-Systemlandschaft
- Analyse kritischer Hardwarekomponenten

Eng verbunden mit dem technisch spezifizierten CI ist der Begriff **Asset**, der u. a. den monetären Vermögenswert eines CI wiedergibt.

> *56. Erörtern Sie, welche Prozesse des ITSM auf die Daten des CMS zugreifen.*

12.3 Services bewerten

Wie bereits in Kapitel 9.1 zu lesen war, wird die Einhaltung von SLA im Prozess **Service Level Management** überwacht. Bedenken Sie, dass mit Hinblick auf die Einhaltung von SLA der Anbieter den Beweis der Erfüllung erbringen muss, nicht der Kunde.

Das **Capacity Management** versucht, wie in den meisten Bereichen wirtschaftlichen Handelns, eine optimale Kapazität vorzuhalten. Wie in der Lagerwirtschaft wird angestrebt, sowohl Engpässe als auch zu hohe Lagerbestände zu vermeiden.

Um das zu erreichen, bedarf es eines Kapazitätsplanes, der aufgrund einer engen Verzahnung und Zusammenarbeit mit anderen Prozessen entsteht und vorhandene Mittel aufzeigt. Dieses Zusammenspiel von Soll- und Istwerten ermöglicht ein rechtzeitiges Anpassen des Kapazitätsplans, um notwendige Kapazitäten zu beschaffen und fortlaufend anzupassen.

Im Gegensatz zum Capacity Management zielt das nachfolgende Availability Management auf die Verfügbarkeit vereinbarter Services ab und nicht auf die Frage, welche Ressourcen benötigt werden.

Das **Availability Management (AVM)** berücksichtigt daher die Erreichbarkeit (vorwiegend von technischen Anlagen) und Leistungsfähigkeit zum Beispiel nach dem Melden einer Störung, der Durchführung von Wartungen oder Pflege. Monitoring-Systeme (Kapitel 12.4) unterstützen die IT-Abteilung beim Availability Management.

Um zu überwachen, ob die SLA eingehalten werden und dem Kunden ggf. über die Einhaltung der SLA Rechenschaft abzulegen ist, gehört die Erstellung von Verfügbarkeitsreports mit in das Aufgabengebiet des AVM. Häufig finden dabei **Kennzahlen (Key Performance Indicators – KPI)** Verwendung:

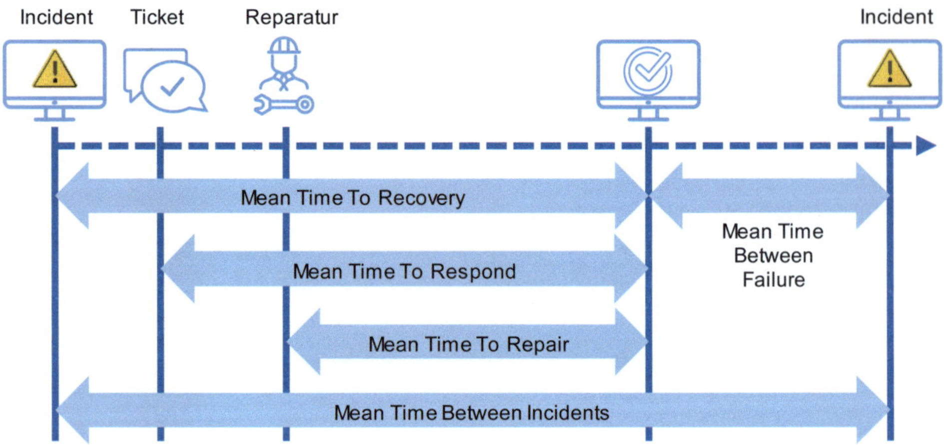

57. *Übersetzen Sie die Maßzahlen des Availability Managements sinngemäß ins Deutsche. Nutzen Sie dazu das vorangegangene Schaubild.*
58. *Überlegen Sie sich, wo die „Mean Time To Detect“, also die Zeit, die die IT braucht, bis sie von einem Incident erfährt, eingezeichnet werden muss.*

12.4 Services überwachen

Die **Systemüberwachung (Monitoring)** verfolgt mehrere Ziele. In erster Linie soll sie möglichst schnell Informationen liefern, sobald ein Service aufgrund von Hardwareproblemen nicht mehr reibungslos funktioniert. Des Weiteren weist das Monitoring Laufzeiten von Services nach (Rechenschaftspflicht für Services gemäß SLA).

Automatisiert geben Systeme Auskunft darüber, wie der aktuelle Stand der IT ist und prognostizieren einen möglichen zukünftigen Verlauf. Dabei werden zwei Arten unterschieden:

- **Funktionalitäts-Monitoring:** Meldung bei Ausfällen von CI oder Services. Anbieter: WhatsUp®, SNAG-View®, Zabbix® u. a.
- **Performance-Monitoring:** Auswertung von gesammelten Werten zu Antwortzeiten und Auslastungen von Systemen. Anbieter: MRTG®, Munin® u. a.

„Ich überwach' am besten alles aus der Luft!"

Neben den herstellerunabhängigen Anbietern bieten viele Hersteller spezifische Systeme an, z. B. Oracle Grid Control®, HP OpenView®, Microsoft SCOM® u. a.

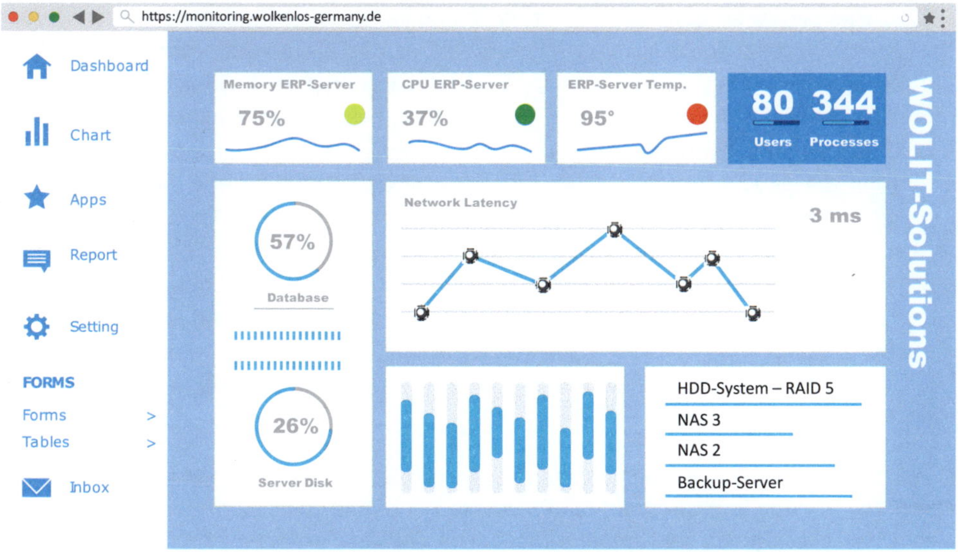

59. *Monitoring-Tools können Prozessauslöser sein. Welchen Teilprozess stoßen diese mit einer Meldung an, den Sie bereits zu Beginn des Crashkurses kennengelernt haben?*
60. *Weisen Sie die beiden vorgestellten Monitoring-Arten dem Incident Management, dem Problem Management und dem Availability Management als Unterstützung zu.*
61. *Monitoring-Systeme haben auch etwas mit IT-Sicherheit zu tun. Wie ist das zu erklären?*

12.5 Kundenzufriedenheit beachten

Die Zufriedenheit der Kunden und Anwender nimmt maßgeblich Einfluss auf den wirtschaftlichen Erfolg einer Unternehmung. Dabei gibt es Erklärungsmodelle, wodurch die Zufriedenheit von Kunden bestimmt wird. Professor Noriaki Kano (Universität Tokyo) entwickelte das nach ihm benannte **Kano-Modell.** Dieses teilt Kundenerwartungen in drei grundlegende Bereiche ein:

- ① **Leistungsanforderungen:** Erreichbarkeit des Service, kurze Kommunikationswege oder Lösung eines Problems sind Anforderungen, die vom Anwender ausdrücklich verlangt werden. Wird die Anforderung nicht erfüllt, führt das zwangsläufig zu einer Unzufriedenheit. Werden die Leistungsanforderungen im erhöhten Maße befriedigt, kann das die Zufriedenheit steigern.
  Beispiele: Erreichbarkeit des Kundenbetreuers durch den Kunden, Bedienungsanleitung für einen Elektromotor.

- ② **Basiserwartungen**: Dass die bezahlten Services zur Verfügung stehen, muss vom Kunden nicht ausdrücklich verlangt werden. Das wird als „normal“ vorausgesetzt. Ein Nichterfüllen dieser Erwartungen führt schnell zu einer Unzufriedenheit, hingegen führt eine Erfüllung der Erwartung kaum zu einer gesteigerten Kundenzufriedenheit.
- ③ **Begeisterungsanforderungen:** Zu diesen Anforderungen werden Leistungen gezählt, die die Wünsche des Anwenders übertreffen. Da dem Anrufer diese Möglichkeiten vor der Kontaktaufnahme nicht bekannt waren, führt ein Ausbleiben der Anforderung zu keiner Unzufriedenheit. Eine unerwartete Lösung, wie zum Beispiel die Erklärung eines Request durch eine bildhafte Unterstützung, Videoanleitung oder Webinar, führt dazu, dass das Ergebnis dieser Leistung zu einer gesteigerten Zufriedenheit führt. Genau diese Anforderungen können Anbieter von Mitbewerbern unterscheiden und erfolgreicher sein lassen **(Unique Selling Proposition – USP)**.

Damit die Kundenzufriedenheit fortlaufend gesteigert wird, sieht das ITSM mit dem Prozess **Continual Service Improvement (CSI)** eine planvolles und kontinuierliches Verfahren der Überprüfung vor. Neben der Kundenzufriedenheit zielt der Prozess auf die Steigerung der Effizienz- und Effektivität, die Wirtschaftlichkeit und die Qualität.

62. *Weisen Sie die drei Anforderungsbereiche den Verläufen in der Grafik zu.*

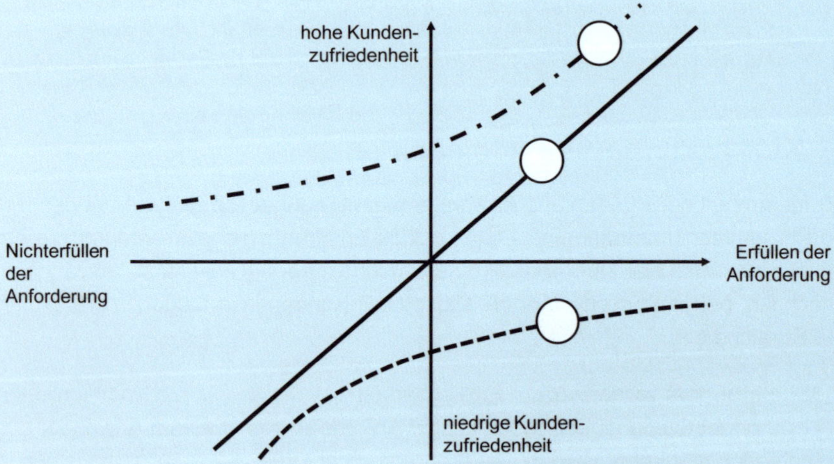

63. *Aus welchen Gründen mag die Kundenzufriedenheit insbesondere im Bereich des IT-Service Managements eine besondere Rolle spielen?*

12.6 Qualität verbessern

Um die Kundenzufriedenheit durch Ausführung gebuchter Services zu erreichen, findet das Prinzip des **Kontinuierlichen Verbesserungsprozesses (KVP)** Anwendung. Der **PDCA-Prozess** zielt auf einen Kreis der stetigen Verbesserung **(Deming Circle)** in kleinen Schritten und basiert auf vier Fragen:

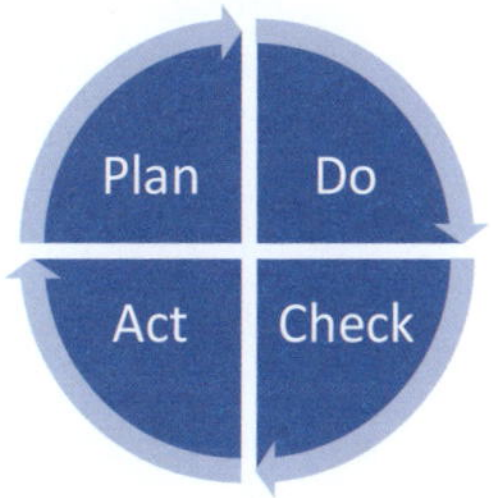

- **Plan:** Planung des Ziel-Prozesses als Ergebnis erkannter Verbesserungspotentiale.
- **Do:** Auch, wenn man zunächst meinen könnte, dass „Do" bereits die Einführung und Umsetzung geplanter Prozesse bedeutet, wird hier der neue Prozess getestet.
- **Check:** Der Erfolg des Probeprozessablaufs wird vor Einführung bewertet.
- **Act:** Bei erfolgreicher Check-Phase wird der neue Prozess in der Fläche ausgerollt.

Da es sich um einen Kreislauf handelt, folgt nach einer erfolgreichen Einführung erneut die Plan-Phase. Dieses beschriebene Prinzip ist Bestandteil des **Kaizen**s. Kaizen zielt auf eine kleinschrittige Vorgehensweise ab, Unternehmen fortlaufend zu optimieren. Der Faktor Mitarbeiter spielt bei der Optimierung als unerschöpflicher Fundus an Optimierungsideen eine herausragende Rolle. Der ganzheitliche Managementansatz des **Total Quality Managements (TQM)** verfolgt die bestmögliche Qualität als Systemziel. Anders als bei anderen QM-Managementansätzen lebt das TQM durch die Beteiligung aller im Unternehmen arbeitenden Menschen. Das TQM ist integrativer Bestandteil des Excellence Modells der **European Foundation for Quality Management** der (EFQM).

Die ISO ist eine internationale Organisation für Normung für nahezu alle Bereiche der Wirtschaft. In Bezug auf das ITSM kommen unterschiedliche Normengruppen in Betracht:

- **ISO 9000 ff:** Diese Normenreihe definiert Grundsätze für Maßnahmen zum Qualitätsmanagement.
- **ISO 20000:** Spezielle Zertifizierung, die ausweist, dass Unternehmen IT-Leistungen nach einem systematischen ITSM-Konzept anbieten. Diese Zertifizierung muss alle drei Jahre wiederholt werden.
- **ISO 27001:** Während sich die vorherige ISO-Norm um das ITSM kümmert, liegt der Schwerpunkt der ISO/IEC 27001 auf geeigneten Sicherheitsmechanismen zum Schutz sämtlicher Werte in der IT.

Unternehmen lassen sich für vorangestellte ISO-Normen zertifizieren, dagegen steht Fachleuten ein mehrstufiges ITIL®-Zertifizierungsprogramm zur Verfügung.

64. *Recherchieren Sie, welchen ökonomischen Nutzen Zertifizierungen den Unternehmen bringen können.*

65. *Welche Rolle spielen Mitarbeiter im Konzept des TQM?*

12.7 Verträge schließen

Selbstverständlich ist der Dienstleistungsvertragsabschluss mit dem Kunden der elementarste Vertrag. Die Ausgestaltung dieser Verträge ist sehr individuell und spezifisch, dennoch gibt es Elemente des Vertragswesens, die sich branchenüblich etabliert haben:

- **Allgemeine Geschäftsbedingungen:** Die AGB regeln alle Modalitäten für Kunden unspezifisch.
- **Individueller Rahmenvertrag:** Der Rahmenvertrag regelt kundenspezifische und grundlegende Vertragsinhalte.
- **Standardisierte SLA aus dem Portfolio:** Übernahme von Standardvereinbarungen in Bezug auf vereinbarte Services.
- **Kundenspezifische SLA:** Von dem Standard abweichende kundenspezifische Servicevereinbarungen.
- **Kundenspezifische Projektverträge:** Kundenspezifische Projekte, die außerhalb von SLA-Vereinbarungen liegen.

Ebenfalls in den Vertrag gehören die Nachlässe oder auch Strafen bei Nichteinhalten der SLA. Um SLA einzuhalten, schließen Unternehmen interne Vereinbarungen mit unternehmensinternen Leistungserbringern. Diese werden als **Operation Level Agreements (OLA)** bezeichnet. Sobald externe Dienstleister SLA erfüllen, werden diese als **Underpinning Contracts (UC)** bezeichnet. Um den bestmöglichen Lieferanten zu ermitteln, werden diese messbaren Kriterien unterworfen und auf diese fortlaufend bewertet.

66. *Beschreiben Sie Inhalte der AGB, die auf jeden Fall in so einen Vertrag gehören.*

12.8 Prozesse kostengetrieben optimieren

Nachfolgend sehen Sie den Prozess des Incident Managements, wie Sie ihn in Kapitel 9 kennengelernt haben. Der selbsterklärende Darstellungstyp nennt sich **Business Modelling And Notation (BPMN)** und ist in diesem Fall auf das Wesentliche zur Berechnung der Kosten reduziert.

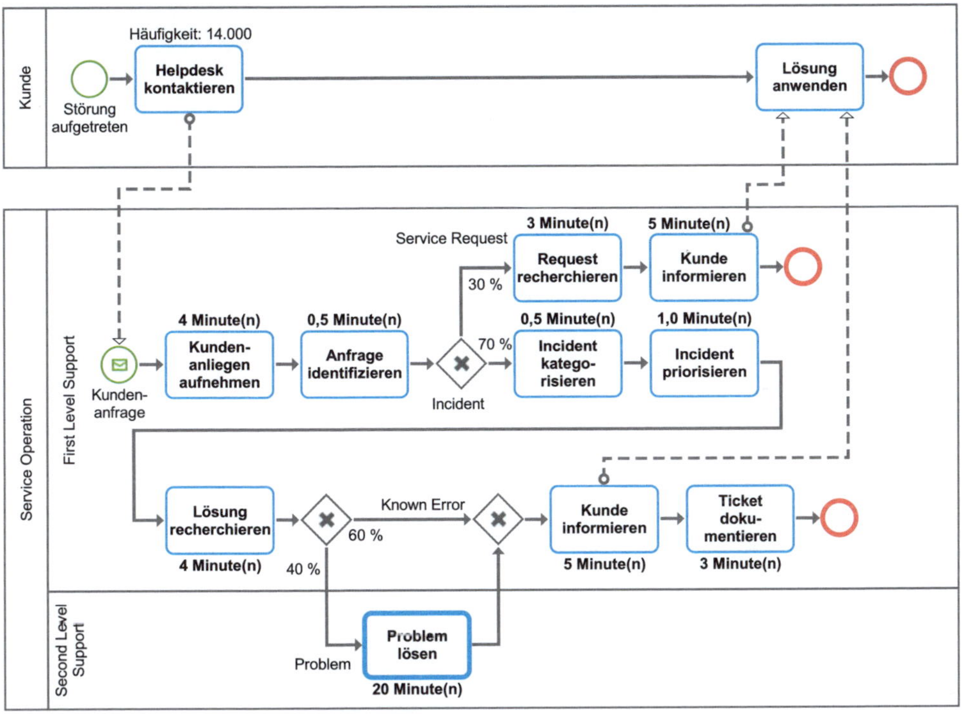

Die Berechnung der Kosten unter Berücksichtigung des Jahresarbeitslohnes (sogenannte leistungsmengeninduzierte Kosten – lmi) sowie die der Verteilung von Kosten, die unabhängig von der Ausführungshäufigkeit (sogenannte leistungsmengenneutrale Kosten – lmn) sind, sind wichtige Größen der monetären Betrachtung:

- Prozessmenge pro Jahr: 14.000
- Jahresarbeitslohn der Stelle: 35.000 Euro
- Jahresarbeitsminuten: 230 Arbeitstage pro Jahr x 8 Arbeitsstunden pro Tag x 60 Minuten = 110.400 Minuten pro Mitarbeiter im Jahr
- lmn-Kosten: 12.000 Euro
- lmi-Kosten: Jeweilige Zeitangabe und Häufigkeiten der Tätigkeiten (entnehmen Sie bitte der Tabelle)

„Ha! Jeder Anrufer in ein Störungsfall!"

PKR Incident Management Aktivität	Prozess-menge	Zeit in Min.	Zeit-bedarf ges.	Perso-nen-jahre	Prozess-kosten (lmi)	Prozess-kosten (lmn)	Prozess-kosten (lmn und lmi)
Kundenanliegen aufnehmen	14000	4	56000	0,507	17.745 €	3.441 €	21.186 €
Anfrage identifizieren	14000	0,5	7000	0,063	2.205 €	428 €	2.633 €
Incident kategorisieren	9800	0,5	4900	0,044	1.540 €	299 €	1.839 €
Incident priorisieren	9800	1	9800	0,089	3.115 €	604 €	3.719 €
Lösung recherchieren	9800	4	39200	0,355	12.425 €	2.410 €	14.835 €
Kunden informieren	9800	5	49000	0,444	15.540 €	3.014 €	18.554 €
Ticket dokumentieren	9800	3	29400	0,266	9.310 €	1.805 €	11.115 €
Gesamt					**61.880 €**	**12.000 €**	**73.880 €**

Interpretation der Tabelle:

1. **Prozessmenge:** Der Prozesstreiber ist die Ausführungshäufigkeit pro Jahr am ersten Ereignis eines Prozesses. Die Menge kann durch unterschiedliche Häufigkeiten der Fortführungen an Verzweigungen abweichen.
2. **Zeit in Minuten:** Die Zeit der jeweiligen einmaligen Funktionsausführung.
3. **Zeitbedarf gesamt:** Errechnet sich durch die Prozessmenge x Zeit in Minuten.
4. **Personenjahre:** Zeitbedarf gesamt / Minuten, die ein Mitarbeiter pro Jahr arbeitet (Jahresarbeitsminuten).
5. **Prozesskosten lmi:** Personenjahre * Jahresarbeitslohn.
6. **Umlagesatz lmi:** 100 * lmn-Kosten / Summe lmi. Mit diesem prozentualen Satz (in der Beispielrechnung 19,39 %) können anschließend die lmn-Kosten verursachungsgemäß umgelegt werden.
7. **Prozesskosten lmn:** Umlagesatz lmi * Prozesskosten lmi.
8. **Gesamtkosten der Funktion:** lmi- und lmn-Kosten.
9. **Gesamtprozesskosten:** Summe der Gesamtkosten der Funktionen.

Kosten pro Durchführung: Gesamtprozesskosten / Kostentreiber
73.880 € / 14.000 Ausführungen pro Jahr = **5,28 €**

67. *Ändern Sie das Szenario ab, indem der Service Request mit in die Berechnung aufgenommen wird.*
68. *Bisher wurde der Prozess des Problem Managements noch nicht berücksichtigt. Fügen Sie diesen in Ihre Berechnung zum Ausgangsszenario ein. Der Second Level Support Mitarbeiter hat dieselbe Jahresarbeitszeit wie der First Level Support, das Jahresgehalt liegt bei 44.400,00 Euro. Die lmn-Kosten belaufen sich auf 15.800,00 Euro.*
69. *Berechnen Sie die minimale, maximale und durchschnittliche Bearbeitungszeit des als BPMN dargestellten Prozesses.*

70. Im Rahmen einer Umstrukturierung wird überlegt, den vollständigen First Level Support auszulagern. Es liegen zwei Angebote von Call-Centern vor. Das erste Unternehmen rechnet je angefangene Minute 50 Cent ab. Das zweite Call-Center rechnet pauschal pro Gespräch 4,50 Euro ab. Beurteilen Sie die Angebote (Wirtschaftlichkeit, Kundenorientierung, Risiko, Aktualität, ...). Nutzen Sie das Ausgangsszenario in der Tabellenform.

Die Aufgaben, die die IHK in Prüfungen verwendet, weichen vom dargestellten Aufgabentyp ab. In Prüfungen weisen sie häufig lediglich Kosten aus, die insgesamt für einen Teilprozess entstanden sind (Plankosten). Dazu wird die Anzahl der Teilprozessausführungen pro Jahr geliefert. Daraus lässt sich der Prozesskostensatz lmi errechnen.[5] Im Verhältnis der Summe aller Plankosten werden die lmn-Kosten über einen Umlagesatz verteilt.[6] Im letzten Schritt werden die lmi- und lmn-Kosten des Teilprozesses summiert.

Die Beispieltabelle stellt die rückwirkende Jahresbetrachtung dar. Umzulegen sind verursachungsgemäß Verwaltungskosten in Höhe von 9.000,00 Euro sowie Werkstattkosten für 16.000,00 Euro:

Teilprozesse	Ausführungen pro Jahr (in Tsd)	Plankosten der Buchhaltung (in Tsd)	Prozesskostensatz lmi	Prozesskostensatz lmn	Prozesskostensatz ges.
Incident Management	14.000	63.500,00 €	4,54 €	0,75 €	**5,28 €**
Problem Management	9.800	53.000,00 €	5,41 €	0,89 €	**6,30 €**
Change Management	4.500	32.000,00 €	7,11 €	1,17 €	**8,28 €**
Release Management	20	3.000,00 €	150,00 €	24,75 €	**174,75 €**
		151.500,00 €			
lmn-Kosten					16,50 % Umlagesatz
Verwaltungskosten		9.000,00 €			
Werkstattkosten		16.000,00 €			

71. Erstellen Sie nach obigem Schema eine Prozesskostenrechnung. Berücksichtigt werden dabei folgende Prozesse:
80 x Verträge schließen (Plankosten 15.000,00 Euro)
50 x SLA entwickeln (Plankosten 4.700,00 Euro)
24 x Sicherheit kontrollieren (Plankosten 4800,00 Euro)
Umzulegen sind Verwaltungsgemeinkosten i. H. v. 2.500,00 Euro.

[5] *gesamte Plankosten pro Teilprozess / Anzahl der Instanzen (Ausführungen pro Jahr)*

[6] *Summe der lmn-Kosten x 100 / Summe der lmi-Kosten*

13 IT-BEDROHUNGEN ERKENNEN

IT-Systeme sind permanenten Bedrohungen und Gefahren ausgesetzt, die die Aufrechterhaltung von Services gefährden können. Es ist Ihre Aufgabe, solche Bedrohungen zu erkennen und einordnen zu können. Zudem sollten Ihnen entsprechende Maßnahmen bekannt sein, um diese Gefahren zu minimieren.

13.1 Datenschutz

- **Kreditkartenabrechnung:** Informationen zu Verhaltensänderungen.
  - Robert besucht neuerdings häufiger Restaurants und kauft vermehrt Blumensträuße.
- **Smartphone:** Das Smartphone liefert viele Daten, von Geodaten über Apps zu speziellen Interessen, Fotos mit Geodaten, Bekanntschaften, Werbevorlieben und vielem mehr.
  - Robert fotografiert häufig eine nette junge Dame.
- **Tracking-Daten aus dem Kfz:** Moderne Fahrzeuge sind mit SOS-Systemen inklusive automatischer Koordinatenübertragung ausgestattet.
  - Robert steuert neuerdings mehrmals die Woche eine bisher fremde Adresse an.
- **Social Media Status:** Ganz freiwillig teilt Robert sein Leben mit seinen Freunden.
  - Robert postet ein Bild mit der Beschreibung: „Superschöner Abend – Danke!".
- **Online-Händler:** Online-Händler wissen nicht nur, was Kunden kaufen und für was sie sich interessieren. Sie können Rückschlüsse auf Einkommensverhältnisse, Krankheiten und sogar Stimmungslagen ziehen.
  - Robert kauft neuerdings vorwiegend spät nachts. Sein Interessensgebiet sind kleine Aufmerksamkeiten zwischen 20 und 50 Euro.
- **Daten vom Fitnesstracker:** Fitnesstracker messen und überwachen Vitalfunktionen und senden sie an Wirtschaftsunternehmen.
  - Roberts Puls und Körpertemperatur steigen sehr dynamisch, vorwiegend in den frühen Abendstunden.

Sie können es sich vielleicht denken: Geschenke, neue Routen und das Herz rast: Robert ist verliebt in Julia. Eine Entscheidung, die eigentlich nur die beiden etwas angeht, aber die Konsolidierung unterschiedlicher Daten macht den Menschen gläsern.

Einzig und allein Betroffene sollten entscheiden, was von ihnen öffentlich wird und was nicht. Diese **informationelle Selbstbestimmung** hat das Bundesverfassungsgericht bereits im Jahre 1971 als Ausprägung des allgemeinen Persönlichkeitsrechts festgelegt. Auf dieser informationellen Selbstbestimmung beruhte das alte **Bundesdatenschutzgesetz (BDSG)** bis 2018, das in weiten Teilen deckungsgleich in der **europäischen Datenschutzgrundverordnung (DSGVO)** Anwendung findet. Als europäische Verordnung ist sie für alle EU-Mitgliedsländer bindend und braucht keine nationale Umsetzung als Gesetz. Als konkretisierende Form gibt es in Deutschland dennoch nach wie vor das BDSG in einer angepassten Fassung.

DSGVO kurz und knapp:

- Datenschutz hat immer mit dem Schutz persönlicher Daten zu tun (Name, Geburtsdatum, Bankverbindung, Verhaltensinformationen etc.)
- Die DSGVO regelt a) die Grenzen, in denen persönliche Daten verarbeitet werden und sichert b) den Betroffenen weitreichende Rechte
- Die Einhaltung der Regeln ist zu überwachen, ein Verantwortlicher zu benennen, Verstöße müssen gemeldet werden
- Verstöße können mit hohen Geldbußen belegt werden

Rekordbußgeld wegen Datenschutzverstößen UPDATE 05.11.2019, 16:47 Uhr

Deutsche Wohnen muss 14,5 Millionen Euro Strafe bezahlen

Das Unternehmen soll sensible Mieterdaten rechtswidrig gespeichert haben. Berliner Politiker bezeichnen die Höhe des Bußgelds als „Paukenschlag".

https://www.tagesspiegel.de/berlin/rekordbussgeld-wegen-datenschutzverstoessen-deutsche-wohnen-muss-14-5-millionen-euro-strafe-bezahlen/25191038.html

DSGVO Grundsätze:

- **Speicherbegrenzung:** Das Prinzip der Datensparsamkeit begrenzt zu erhebende und zu verarbeitende Daten auf die Erforderlichkeit und Zweckbindung (Datenumfang und Zeit der Speicherung).
- **Betroffenenrechte:** Vor der Verarbeitung müssen Betroffene der Verarbeitung zustimmen. Verarbeitende Stellen müssen Auskunft über gespeicherte Daten geben

und auf Verlangen Daten korrigieren und sogar auf Wunsch löschen („Recht auf Vergessen werden“).

- **Transparenz:** Das verarbeitende Unternehmen legt offen, welche Daten zu welchem Zweck erhoben werden und wo diese weiterverarbeitet werden. Für neue Verfahren wird eine Datenschutz-Folgeabschätzung durchgeführt, was die Sicherheit gewährleisten und den „Datenwildwuchs“ minimieren soll.
- **Beweislastumkehr:** Verantwortliche der Datenverarbeitung müssen die Einhaltung der Regeln nachweisen (Rechenschaftspflicht), nicht der Betroffene die Nichtbeachtung. Der Nachweis erfolgt in der Regel über Dokumentationen.
- **Datenübertragung:** Werden Daten an andere Verarbeitungsstellen (Dritte) weitergeleitet, bleibt die Einhaltung der Vertraulichkeit personenbezogener Daten weiter in der Verantwortung des Ersterhebenden. Der Nutzer ist über die Weitergabe und dessen Umfang zu informieren. Ein sogenanntes Verarbeitungsverzeichnis dokumentiert den Verarbeitungsprozess.
- **Datenintegrität:** Die Verarbeitung der Daten muss sicher sein (u. a. durch technisch-organisatorische Maßnahmen). Dies wird über ein Verzeichnis von Verarbeitungstätigkeiten erreicht. Als Daten werden übrigens alle Daten in allen Medien angesehen (digitale und papiergebundene Informationen).

Die DSGVO darf zwar nicht durch nationale Vorgaben aufgeweicht werden, wohl aber konkretisiert oder verschärft werden **(Öffnungsklausel)**. So sieht das BDSG abweichende Regelungen für die Verarbeitung von Beschäftigtendaten, zur Bestellung eines Datenschutzbeauftragten (DSB) sowie zu dem Verzeichnis von Verarbeitungstätigkeiten vor.

i

72. *Welche Vorteile bietet die DSGVO für Verbraucher?*
73. *Diskutieren Sie, ob eine solche Verordnung in Zeiten, in denen Menschen ihr ganzes Leben in den Sozialen Medien offenlegen, überhaupt einen Sinn ergibt.*

13.2 Exkurs: IT-Recht

Neben dem Datenschutzgesetz gibt es weitere rechtliche Grundlagen, die auf den Geschäftszweig IT Auswirkungen haben. Die Vorstellungen der gesetzlichen Grundlagen erfolgen an dieser Stelle nur elementar.

- **Kunsturhebergesetz:** Ebenfalls als Ausprägung der informationellen Selbstbestimmung legt dieses Gesetz fest, in welchem Umfang Abbildungen mit identifizierbaren Menschen veröffentlicht werden dürfen. Diesbezüglich sind solche Aufnahmen generell zustimmungspflichtig. Dieser allgemeinen Regelung stehen Ausnahmen (Schrankenregelungen) entgegen. So müssen Betroffene beispielsweise nicht gefragt werden, sofern sie an Demonstrationen teilnehmen oder lediglich Beiwerk einer fotografierten Örtlichkeit sind. Gleiches gilt nach einer Abwägung des Informationsinteresses der Öffentlichkeit und dem Persönlichkeitsrecht bei Personen der Zeitgeschichte.

- **Urhebergesetz:** Diese umfangreiche Gesetzessammlung schützt die Rechte von Urhebern. Dieses können in der IT-Branche Programmierer, Gestalter oder Fotografen sein. Jeder Mensch, der ein neuartiges Werk mit einer gewissen geistigen Schöpfungshöhe erstellt, genießt automatisch das Urheberrecht darauf. Ein Werk ist dabei eine konkrete Form, die mit menschlichem Sinne wahrgenommen werden kann. Dieser Schutz geistigen Eigentums spiegelt sowohl die wirtschaftliche als auch die ideelle Seite wider. Das Urheberrecht mit allen Entscheidungsmöglichkeiten u. a. in Bezug auf die kommerzielle und nichtkommerzielle Vervielfältigung, Verbreitung und Ausstellung obliegt dem Urheber oder einer Urhebergemeinschaft (Miturheber). Eine Nutzung kann lediglich über eine Übertragung von Nutzungsrechten erfolgen, die in der IT-Branche bereits häufig durch den Arbeitsvertrag vereinbart wird.
- **Alternatives Urheberrecht:** Es ist gar nicht so einfach, auf sein verbrieftes Urheberrecht ganz oder in Teilen zu verzichten. Eine anerkannte Möglichkeit stellt die **Creative Commons (CC)** dar. Dieses sind vordefinierte Rechte, die ausgehend von der CC0 (Zero), also der völligen Freigabe eines Werkes ohne Einschränkungen (public domain/gemeinfrei), spezielle Rechte sichern, wobei diese miteinander kombiniert werden können.
    - **BY:** Nutzung des Werkes, wobei der Urheber genannt werden muss.
    - **SA:** Nutzung und Weitergabe unter gleichen Bedingungen (share alike).
    - **NC:** Nutzung gestattet, jedoch nicht zu gewerblichen Zwecken (non-commercial).
    - **ND:** Nutzung gestattet, jedoch keinerlei Änderungen an dem Werk gestattet (no-derivatives).

  Die **General Public License (GNU GPL)** stellt die häufigste allgemeine Veröffentlichungserlaubnis für Softwarelizenzen dar. Sie ermöglicht die Nutzung und Verbreitung von freier Software.
- **Verpackungsgesetz:** Für alle IT-Dienstleister, die auch beispielsweise Anwendungssysteme versenden, gilt seit 2019 das deutsche Verpackungsgesetz. Dieses regelt das Inverkehrbringen von Verpackungen sowie die Rücknahme und Verwertung von Verpackungsabfällen. Als Versender müssen sie als sogenannte Erstinverkehrbringer die verwendeten Verpackungsmaterialen für den Transport und Versand sortenrein lizenzieren. Die Lizenzgebühr finanziert die Rücknahme über das Recycling-System.
- **Websites:** Betreiber von gewerblichen Webseiten unterliegen Offenlegungspflichten. So ist ein Impressum gem. § 5 Telemediengesetz (TMG) vorgeschrieben. Die notwendigen Inhalte des Impressums bestimmen sich aus dem § 55 des Rundfunkstaatsvertrages (RstV).

74. Was bedeutet die CC-Lizenz BY-ND?

75. Sie laden sich Musik in der Lizenz BY-NC-ND für ein selbstgedrehtes Video herunter, das Sie bei YouTube einstellen möchten. Beurteilen Sie die rechtliche Situation.

13.3 Datensicherheit

Die in der DSGVO geforderten Maßnahmen zur Sicherheit von personenbezogenen Daten ist der eher praktische Teil der Verordnung und relativ konkret zu dokumentieren und umzusetzen. Somit ist er ein existentieller Bestandteil des ITSM, wird über die **technischen und organisatorischen Maßnahmen (TOM)** beschrieben und basiert auf der Anlage zu § 9 des alten BDSG. Einige Beispiele:

Technische Maßnahmen	Organisatorische Maßnahmen
▸ Vorgaben für die Passwortkomplexität ▸ bauliche Absicherung von Geländen, Gebäuden, Fenstern oder Türen ▸ Alarmanlagen ▸ Verschlüsselung personenbezogener Daten ▸ Zutritt von Benutzern (z. B. biometrische Daten, Zutrittskarten, Aufzeichnungen) ▸ WLAN-Gastnetze ▸ klimatisierte DV-Räume ▸ Brandschutzvorkehrungen ▸ Vorkehrungen gegen Schadsoftware ▸ Datensicherungen ▸ unterbrechungsfreie Stromversorgung	▸ „Vier-Augen-Prinzip“ für ausgewählte Abläufe oder Entscheidungen. ▸ Vorgaben für die Besucheranmeldung (Nutzungsbedingungen der IT oder des Netzzugangs) ▸ Vorgaben zur Entsorgung von Dokumenten mit personenbezogenen Inhalten ▸ Datenschutzerklärung von Mitarbeitern ▸ Datensicherungs- und Wiederherstellungspläne ▸ Verbot von „Own Devices“ im Firmennetz ▸ Speicherortvorgaben

Natürlich finden diese Vorgaben auch Berücksichtigung im Konzept des ITSM. Der Prozess **Information Security Management (ISM)** sichert den Schutz anvertrauter Daten. Dazu werden Schwachstellen analysiert und Maßnahmen hergeleitet. Das ISM trägt Rechnung dafür, dass Daten verfügbar und zugleich vor illegalem Zugriff und unerlaubten Änderungen geschützt sind. Folgende Begrifflichkeiten sind damit verbunden:

- **Vertraulichkeit (Confidentiality):** Schutz der Daten vor unerlaubter Einsichtnahme
- **Verfügbarkeit (Availability):** Vorhandensein und Nutzbarkeit der entsprechenden Daten
- **Integrität (Integrity):** Kontrolle der Richtigkeit von Daten

Um Daten vor dem unerlaubten Zugriff durch Mitarbeiter zu schützen, ist ein abgesichertes Verfahren zur Einrichtung von Rechten von Mitarbeitern im IT-System notwendig. Das betrifft Stellenänderungen, Neueinstellungen **(Onboarding)** sowie Freisetzen von Mitarbeitern **(Offboarding)**. Der Prozess wird als **Access Management** bezeichnet und basiert auf Vorgaben des Information Security Management

76. *Welche Organisationseinheit sollte Ihrer Meinung nach den Anstoß zum Einrichten und zur Vergabe von Rechten in IT-Systemen für neue Mitarbeiterinnen und Mitarbeiter in einem Unternehmen geben? Begründen Sie Ihre Meinung.*
77. *Welche Gefahren birgt ein unstrukturiertes Offboarding in Bezug auf Vertraulichkeit von Daten?*

13.4 Exkurs: Verschlüsselung

Eine Verschlüsselung trägt eine Menge zur Sicherheit von Daten bei. Eine Verschlüsselung ist ein Verfahren, das Daten mithilfe von Schlüsseln inhaltlich in eine nicht lesbare Form codiert. Das Decodieren zum Lesen des Inhalts gelingt nur mit einem entsprechenden Schlüssel.

Der Prozess zum Verschlüsseln und Entschlüsseln besteht aus mehreren Komponenten:

- **Algorithmus:** Der Algorithmus beschreibt die technische Umsetzung der Verschlüsselung. Häufig zu finden sind die Algorithmen **Advanced Encryption Standard (AES)** und **RSA**, benannt nach den drei Mathematikern Rivest, Shamir und Adleman, die diesen Algorithmus erfunden haben. Verschlüsselungen werden in verschiedenen Stärken angeboten, z. B. AES 256.
- **Schlüsselmanagement:** Sofern eine verschlüsselte Kommunikation gewünscht ist, stellt sich die Kernfrage, wie die notwendigen Schlüssel zwischen Sender und Empfänger ausgetauscht werden.
- **Verschlüsselungsverfahren** teilen sich in symmetrische, asymmetrische und hybride Verschlüsselungsverfahren auf. Bei den hybriden Verschlüsselungsverfahren wird ein symmetrisches und asymmetrisches Verschlüsselungsverfahren miteinander kombiniert.

Symmetrische Verfahren (Secret-Key-Verfahren) wie AES, basieren auf mathematischen Algorithmen, die mithilfe eines Schlüssels digitale Inhalte codieren. Zum Entschlüsseln werden gleiche Schlüssel benötigt. Diese Art der Verschlüsselung eignet sich hervorragend für das Verschlüsseln von Dateien, Verzeichnissen und Wechselmedien, wie z. B. USB-Sticks. Und auch zur Verschlüsselung der Kommunikation im WLAN als WPA2-Verfahren und als SSH-Protokoll für den sicheren Betrieb von Netzwerkdiensten findet das Verfahren Anwendung.

Problematisch ist die Datenübertragung über Netzwerke, da Schlüssel auf irgendeine Art und Weise zwischen Sender und Empfänger ausgetauscht werden müssen.

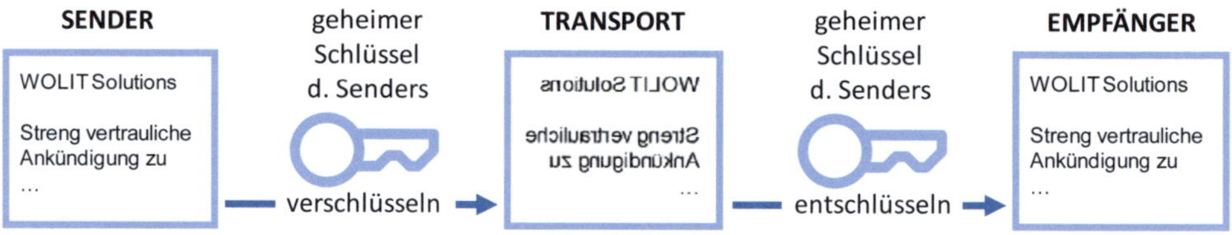

Die **asymmetrische Verschlüsselung** (Public Key Verfahren) wie RSA nutzt zwei Schlüssel. Einen öffentlichen, der zum Verschlüsseln genutzt wird und einen privaten (geheimen), der zum Entschlüsseln verwendet wird. Beide Schlüssel ergeben ein Schlüsselpaar, das dem Empfänger einer Nachricht gehört, wobei öffentliche Schlüssel, wie der Name schon sagt, öffentlich zur Verfügung gestellt werden kann.

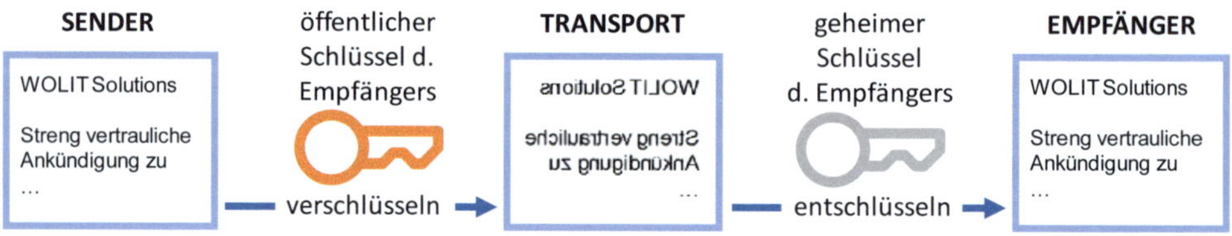

Symmetrische Verschlüsselungsverfahren gelten als sehr sicher und schnell, wobei ein sicherer Schlüsseltausch zwischen Sender und Empfänger sehr umständlich ist. Bei einer **hybriden Verschlüsselung** wird lediglich der private Schlüssel über ein asymmetrisches Verfahren getauscht. Nach dem Tausch wird über eine symmetrische Verschlüsselung fortgefahren.

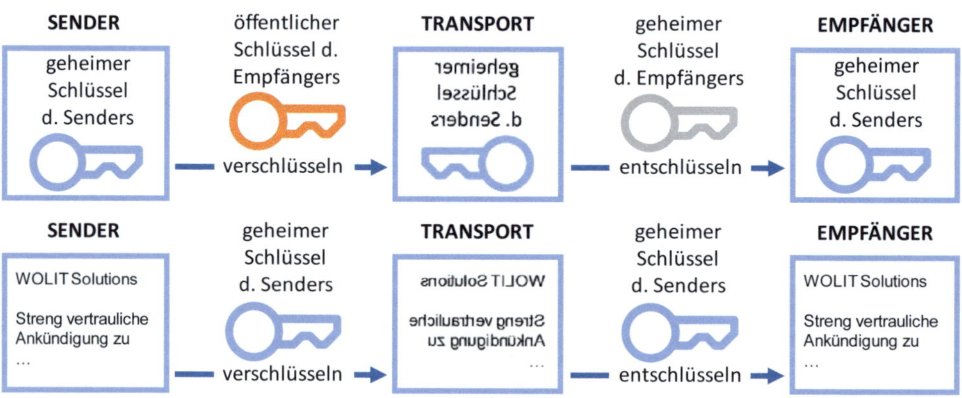

78. *Erstellen Sie eine tabellarische Übersicht über die Vor- und Nachteile der symmetrischen und asymmetrischen Verschlüsselungsarten.*
79. *Warum bietet sich das symmetrische Verschlüsselungsverfahren für Speichermedien an?*

13.5 Schadsoftware

Schadsoftware wird in puncto Verbreitung mehrfach unterschieden. Dabei machten in der Vergangenheit zahlreiche Schädlinge von sich Reden: Stuxnet, Loveletter, Storm, Sasser und andere. Grund genug, sich der unterschiedlichen Varianten bewusst zu werden.

13.5.1 Computerviren

Computerviren infizieren Dateien auf einem Computer. Damit dieser Virus überlebt, ist der Anwender von Bedeutung, denn er transportiert bzw. versendet diese und aktiviert sie unwissentlich. Der Virus lebt von der Neugier der Menschen, die ihn letztendlich mit dem Öffnen infizierter Dateien verbreiten.

Ein aktivierter Virus kann Schäden durch Veränderungen am Betriebssystem oder an der Anwendungssoftware vornehmen (Schadfunktion). In seltenen Fällen ist auch ein Schaden an der Hardware zu verzeichnen. Ein Virus zielt häufig auf die Sabotage des Datenbestands.

13.5.2 Würmer

Im Gegensatz zu Viren verbreiten sich Würmer ohne menschliche Hilfe. Nachdem ein Gerät infiziert wurde, verbreiten sich Würmer über Computernetzwerke ohne Zutun der Anwender. Damit sie sich ungehindert verbreiten können, sind sie auf Schwachstellen in Netzwerken angewiesen. Abgesehen von einer enormen Belastung für Netzwerke enthalten die Schädlinge „Payloads", die in der Lage sind, Daten zu stehlen oder zu löschen.

13.5.3 Trojaner

Diese Trojanischen Pferde gaukeln dem Anwender vor, eine seriöse Software zu sein. Der Anwender lädt aktiv eine Software herunter und installiert sie. Nachdem die vermeintlich nützliche Software gestartet wird, nimmt der Trojaner im Hintergrund den heimtückischen Dienst auf und verändert Computereinstellungen, spioniert Daten aus und sendet sie an den Verursacher.

13.5.4 Spyware

Der Begriff „Spionagesoftware" ist eigentlich selbsterklärend. Die Software erfasst alle möglichen Arten von Daten (Tastenanschläge, Anmeldedaten, Nutzergewohnheiten etc.). Diese werden dann an den Verursacher gesendet (Cyberkriminelle).

13.5.5 Bots

Bots führen nach Aktivierung bestimmte Dienste durch. Neben bewussten und legitimen Zwecken gibt es auch ungewollte, unseriöse Dienste – sogenannte Malware. Kriminelle infizieren häufig mehrere Computer mit dem Ziel eines „Botnet" (Roboternetzwerk). Diese Computer stehlen dann für Cyberkriminelle vertrauliche Daten, spionieren Nutzer aus und versenden automatisch Spam über Mail und Social Media. Besonders dramatisch sind Distributed Denial of Service (DDoS) Attacken, die durch ein Bombardement von Daten unterschiedlicher Nutzer (z. B. durch Mailanfragen) die Netzwerkkommunikation von Unternehmen stilllegen.

13.5.6 Ransomware

Ransomware ist ein besonderes Ärgernis, das in der Regel das aktive Zutun des Anwenders voraussetzt. Wie so häufig ist dem Verursacher die menschliche Neugier nützlich. Sobald die Ransomware durch das Öffnen einer Datei aktiviert wurde, werden alle mögliche Arten von Daten, Laufwerken und ganze DV-Systeme verschlüsselt. Diese Verschlüsselung kann dann durch ein Lösegeld entschlüsselt werden, wobei die Entschlüsselung durch die Kriminellen natürlich nicht garantiert ist.

13.5.7 Rootkits

Rootkits dienen dem Fernzugriff (Remote-Zugriff) auf einen Computer zur Fernsteuerung durch Dritte (z.B. dem ITSM). Unautorisiert ermöglicht es Cyberkriminellen ebenfalls, die Kontrolle über eine DV-Anlage zu übernehmen. Rootkits arbeiten in der Regel verdeckt und unbemerkt vom Anwender.

13.5.8 Adware

Adware stellt keine echte Schadsoftware dar, dennoch ist sie ein lästiges Übel, indem sie Werbeanzeigen auf der DV-Anlage anzeigt. Solche können z. B. Pop-up-Anzeigen auf Webseiten sein. Adware richtet zwar keinen Schaden an, kann aber durch ein Tracking dazu beitragen, den Kunden gläsern zu machen.

i

80. Worin liegt die Gefahr von Bots?
81. Welche Schäden richtet Adware an?
82. Welche Rolle nimmt der Anwender bei Viren, Würmern und Trojanern ein?

13.6 Weitere Bedrohungen

13.6.1 Bugs

Fehler im Softwarecode werden Bugs genannt und stellen keine kriminelle Handlung dar. Auch wenn sie nicht mit der Absicht, Schäden zu verursachen entwickelt wurden, können sie Schäden anrichten (abstürzen, verlangsamen des Systems, nachgelagerte Sicherheitslücken). In diesem Zusammenhang beschreibt der Begriff **Zero Day Exploits** eine neuartige, noch offene Schwachstelle, die von Angreifern so lange ausgenutzt werden kann, bis ein Patch diese Sicherheitslücke schließt.

13.6.2 SPAM & Phishing

Spam ist der flutartige Massenversand von E-Mails. Meist handelt es sich um inhaltlich überflüssige Werbeschreiben, nicht selten aber auch um sogenannte **HOAX Mails**. Hoax ist eine Falschmeldung, die Panik und häufiges Weiterleiten von E-Mails zum Ziel hat.

Weiterhin massenhaft versendet werden Phishing-Mails, die eine deutlich bedeutendere Gefahr für die IT-Sicherheit darstellen. Phishing ist ein Akronym und kombiniert die Wörter Password und Fishing.

Beim Phishing werden persönliche Daten wie z. B. Passworte oder PIN durch eine E-Mail ergaunert. Dabei täuscht der Absender einen anderen Absender vor, wie beispielsweise eine Bank oder ein Telekommunikationsunternehmen. Nichtsahnend meldet sich dann der Nutzer an einer fingierten Website an und verrät somit seine Zugangsdaten, die anschließend missbräuchlich genutzt werden.

13.6.3 Hacking

Ein Hacker ist eine Person, die illegal versucht, in Computersysteme zu gelangen. Dieses geschieht unter anderem, um auf gravierende Sicherheitsmängel hinzuweisen. Aber natürlich verfolgen einige (häufig Cracker genannt) auch das Ziel, Daten zu entwenden und zu veräußern bzw. einem Unternehmen Schaden zuzufügen.

Zu den Methoden von Kriminellen gehören das Ausspähen von Zugangsdaten, ein Einschleusen von Schadsoftware, der unbefugte Zutritt zu Datenverarbeitungsanlagen oder anderen Verfahren.

13.6.4 Man-in-the-Middle Attack

Beim Man-in-the-Middle Angriff hängt sich ein Angreifer in die Kommunikation zwischen zwei Knoten ein. Der Angreifer empfängt Datenpakete vom Versender auf Vertrauensbasis und leitet diese an den Empfänger weiter. Dabei kann er die Pakete lesen und ggf. verändern. Netzwerkkommunikationsgeräte wie Router oder WLAN-Access-Points sind für Angriffe dieser Art prädestiniert. Angreifer können Geheimdienste, Ermittlungsbehörden oder Hacker sein.

> i 83. *Im ICE von Bremen nach Frankfurt loggt sich ein Mitarbeiter der Fluggesellschaft auf einer Dienstreise mit dem Firmennotebook in das Netz „DB Lokführer-WLAN“ ein. Erklären Sie, was das mit einer Man-in-the-Middle-Attack zu tun haben könnte.*

13.6.5 Katastrophen

Sie haben viel gelesen über Schadsoftware und kriminelle Handlungen, die einem IT-System Schaden zufügen können. Dabei darf nicht vergessen werden, dass mögliche Gefahren auf allen Ebenen lauern:

- **Unwetter:** Stürme, Hochwasser, Erdbeben
- **Unfälle:** Brand, Wasserschaden, Stromausfall, Explosion
- **Straftaten:** Einbruch, Diebstahl, Vandalismus, Entführung, Erpressung
- **Bedrohungslagen:** Terror, Krieg

> i 84. *Analysieren Sie die folgende Mail auf Merkmale, die auf eine Phishing-Mail hindeuten:*

Bank48.it <support@simfreeglobal.pl> Mi., 24. Feb., 01:54 AM
an it.wolkenlos-germany.de

Sehr geehrte kunde,

Sie müssen das neue Web-Sicherheitssystem aktivieren.
Sobald Sie Ihre Kontoinformationen aktualisiert haben, funktioniert das Konto normal.

Der gesamte Vorgang dauert nur 3 Minuten. Sie sollten jetzt Maßnahmen ergreifen, um das Problem so schnell wie möglich zu lösen.

Bitte Überprüfen Sie JETZT Ihre Kontodaten , indem Sie unten auf den Link klicken.
https://www.bank48.it/web-sicherheitssystem <a href="www.cloudhackint.ru/bank48"></a>

Mit freundlichen Grüßen

> 85. *Recherchieren Sie nachfolgende Virenarten: Bootviren, Makroviren, Skriptviren und Dateiviren.*

13.7 Methoden zur Sicherstellung der IT

13.7.1 Vorgaben für Mitarbeiterinnen und Mitarbeiter

Vorangegangen haben Sie zahlreiche Bedrohungen für das IT-System kennengelernt. Viele nutzen dabei die Neugier von Menschen aus, um überhaupt einen Angriffspunkt zu haben, Zugriff auf das IT-System zu erhalten.

In diesem Zusammenhang nimmt der USB-Stick eine besondere Rolle ein. Nach einem gezielten Ablegen in der Lobby versucht ein ahnungsloser Finder zu ermitteln, wem dieser gehört. Dazu liest er ihn am Firmen-PC aus und vorbei an allen Sicherheitsvorkehrungen findet die Schadsoftware ihren Weg ins Unternehmensnetzwerk.

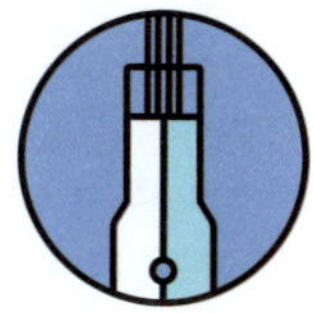

Doch nicht immer spielt ein DV-System eine tragende Rolle bei der Weitergabe von Informationen. Das gezielte Belauschen oder die manipulative Einflussnahme von und durch Kolleginnen und Kollegen, Vorgesetzten oder unternehmensexternen Personen wird als **Social Engineering** bezeichnet. Ziel ist häufig einen Zugriff auf das Netzwerk zu erhalten.

> **i** 86. *Die sogenannte IT-Compliance beschreibt in der Unternehmensführung die Einhaltung gesetzlicher, unternehmensinterner und vertraglicher Regelungen für den Bereich IT. Dazu zählt auch ein Regelwerk mit Verhaltensanweisungen für Mitarbeiter (Awareness-Kampagne). Erstellen Sie auf Grundlage der bereits erarbeiteten Bedrohungen und Ihrer Erfahrungen im Umgang mit dem PC ein Regelwerk mit Verhaltensanweisungen für Mitarbeiterinnen und Mitarbeiter.*

Abgesehen von regelmäßigen Updates (vgl. Kapitel 11.5) gibt es zahlreiche Werkzeuge, die das Ziel einer höchstmöglichen IT-Sicherheit verfolgen.

13.7.2 Passwortsicherheit

Zur sicheren Gestaltung eines Passwortes gibt es einfache Regeln:

- je länger, desto sicherer
- möglichst Groß- und Kleinbuchstaben, Zahlen und Sonderzeichen nutzen
- nach Möglichkeit keine „Echtwörter“ nutzen
- auf keinen Fall Echtwörter aus dem Nutzerumfeld nutzen

Administratoren werden durch IT-Anwendungssysteme bei ihrer Arbeit unterstützt, indem Vorgaben in Bezug auf die Gestaltung eines Passworts durch den Nutzer zu erfüllen sind.

> **i** 87. *Eine Methode von Kriminellen, Passwörter zu ermitteln, sind* ***Brute-Force-Attacken****.* *Recherchieren Sie, was das für eine Art von Angriff ist.*

13.7.3 Antivirensoftware

Ein aktualisiertes Antivirenprogramm erkennt Schadsoftware, informiert Verantwortliche darüber und verhindert die Aktivierung der Software (ggf. durch Isolation von Dateien). Antivirensoftware arbeitet als Corporate Lösung unternehmensweit oder als Desktopversion auf einzelnen Verarbeitungsanlagen.

13.7.4 Firewall

Eine Firewall arbeitet ebenfalls unternehmensweit oder lokal auf einem Rechner. Dabei schottet die digitale Brandschutzmauer eine DV-Anlage vor unerwünschten Datenpaketen von außen ab. Häufig basieren die Entscheidungen, welches Datenpaket willkommen ist und welches nicht, auf der Zuordnung von Ports. Ports weisen Datenpakete an bestimmte Anwendungen zu. So kommen beispielsweise verschlüsselte Daten über Port 443 zum Browser.

Ein weiteres Merkmal ist, dass Firewalls ebenfalls den nicht-autorisierten Versand vom PC unterbinden können. Corporate Firewalls schützen ganze Netzwerke, eine personalisierte Firewall einzelne PC.

> **i** 88. *Wozu raten Sie einem Kunden, der einen neuen PC bei Ihnen erwirbt? Eher zum Einsatz einer Antivirensoftware oder zu einer personalisierten Firewall?*

13.7.5 VPN-Verbindungen

Mit einer VPN-Verbindung realisiert man ein virtuelles privates Netzwerk über öffentlich zugängliche Infrastrukturen. Das bedeutet, dass der Datenverkehr zwar über das öffentliche Internet stattfindet, die Kommunikation zwischen zwei Stationen jedoch verschlüsselt ist, sodass nur Sender und Empfänger die Daten lesen können (sog. VPN-Tunnel). Damit eine VPN-Verbindung als sicher gewertet werden kann, müssen die **Authentizität** (eindeutige Identifizierung von Nutzern), **Vertraulichkeit** (Verschlüsselung) und **Integrität** (Manipulationssicherheit) sichergestellt sein. Neben dem sicheren Zugriff auf Daten über ein öffentliches Netz verschleiert ein VPN-Tunnel den Ort und die Art der ausgetauschten Daten sowie die Quell- und Zieladressen der Stationen.

> **i** 89. *VPN ermöglicht u. a. den sicheren Zugriff auf das Unternehmensnetzwerk aus der Ferne. Stellt es auch eine adäquate Möglichkeit gegen Schadsoftware dar?*

13.7.6 Brandschutzeinrichtungen

Während die digitale Brandschutzmauer das Eindringen zum Beispiel von Hackern verhindern soll, schützen reale Brandschutzeinrichtungen die DV-Anlage vor einem echten Feuer. Welche Schäden das anrichten kann, zeigt ja unser Eingangsbeispiel in Kapitel 4.

Die Ausgestaltung der Brandschutzeinrichtung richtet sich nach den Bedürfnissen und der Größe der Anlage bzw. des Raums. Sie reicht von regelmäßig gewarteten Handfeuerlöschern in der jeweils geeigneten Brandklasse bis zur Brandmeldeanlage mit einer automatischen Löschanlage.

90. Recherchieren Sie, was es beim Löschen von elektrischen Anlagen zu beachten gibt.

13.7.7 Unterbrechungsfreie Stromversorgung

Um Datenverluste beim Stromausfall zu minimieren bzw. die Weiterarbeit während eines Stromausfalls zu ermöglichen, verwenden Unternehmen **Unterbrechungsfreie Stromversorgungen (USV)**. Eine weitere wichtige Aufgabe einer USV ist die Eliminierung von Spannungsspitzen, die erhebliche Schäden an IT-Gerätschaften verursachen kann.

Ziel einer USV ist primär, angeschlossene Geräte vor Schäden zu schützen und das kontrollierte Herunterfahren von DV-Anlagen ohne Datenverlust zu ermöglichen.

Störungstyp	Dauer der Störung	Definition
Netzausfälle – Power Failure	mehr als 10 ms	Totalausfall eines Stromnetzes
Spannungsschwankungen – Power Sag	weniger als 16 ms	kurzfristige Einbrüche der Netzspannung
Spannungsspitzen Switching Transient	4 ms bis 16 ms	kurzfristige Spannungsspitzen durch z. B. statische Entladung oder Schaltungen im Netz
Spannungsstöße – Power Surge	weniger als 4 ms	kurzzeitige Spannungsspitzen höherer Intensität, z. B. durch einen Blitzschlag ausgelöst
Unterspannungen – Under Voltage	fortlaufend	Sinken der Spannung in einen kritischen Bereich
Überspannungen – Over Voltage	fortlaufend	dauerhafte Überspannung
Frequenzschwankungen – Frequency Variation	sporadisch	abweichen der Netzfrequenz (in Deutschland und Europa 50 Herz)
Spannungsverzerrungen – Line Noise	periodisch	Temporäre Veränderungen von Spannung und Strom, z. B. durch schlechte Steckverbindungen oder HF-Einstreuungen.
Spannungsoberschwingungen – Harmonic Distortion	fortlaufend	veränderte Wellenform der Spannung

Dabei wird in unterschiedliche Dimensionierungen eingeteilt:

<table>
<tr><th>USV-Art</th><th>Schematische Darstellung</th></tr>
<tr><td>

Off-Line USV / passive USV / Standby: Einfachste Art einer USV, die häufig für einzelne Computer oder kleine IT-Anlagen eingesetzt wird. Netzspannung wird im Normalbetrieb direkt aus dem Stromnetz über die USV zum Verbraucher geleitet. Parallel dazu wird ein Ladegerät (Gleichrichter) versorgt, das die aufladbaren Batterien speist. In dem Moment, in dem die Netzversorgung abbricht, werden die Verbraucher über einen Wechselrichter mit Spannung aus den Batterien versorgt. Die Umschaltzeit liegt unter 10 Millisekunden (ms). Ein optionaler Filter schützt vor Spannungsschwankungen sowie Spannungsspitzen.

</td><td>

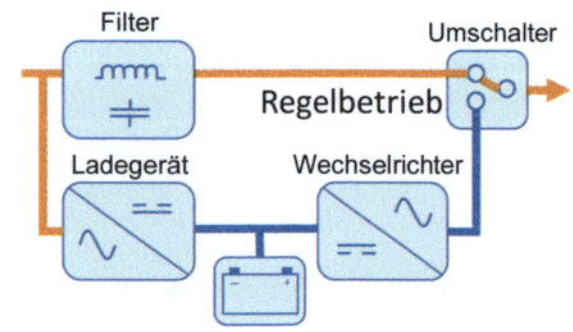

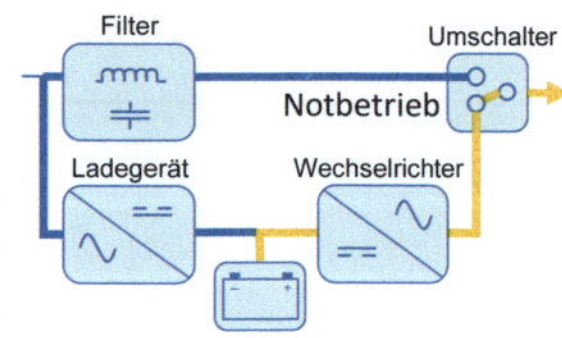

</td></tr>
<tr><td>

Line-Interaktiv USV / netzinteraktive USV / VI: Netzspannung wird im Normalbetrieb an einen bidirektionaleren Wechselrichter geleitet. Dieser generiert aus der Wechselspannung des Stromnetzes eine Gleichspannung zum Laden der Batterien bzw. im Notbetrieb eine Wechselspannung aus den Batterien.

Die Umschaltzeit liegt zwischen 2 und 4 ms. Eine weitere Aufgabe der USV ist es, Spannungsschwankungen sowie Spannungsspitzen zu eliminieren.

Auch diese USV schützt vor Spannungsschwankungen sowie Spannungsspitzen. So ist ein Schutz für kleinere bis mittlere Anlagen gewährleistet.

</td><td>

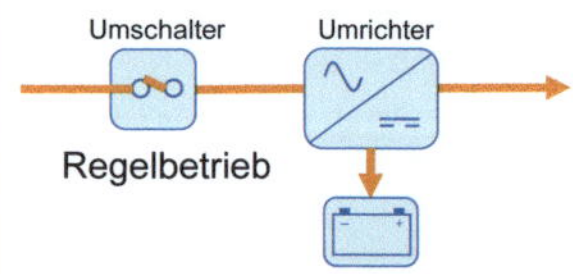

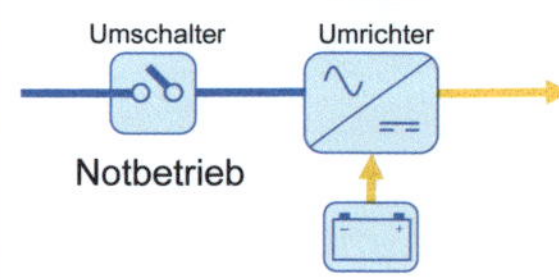

</td></tr>
<tr><td>

Online USV / VFI: Netzspannung wird im Normalbetrieb aus dem Stromnetz zu einem Gleichrichter geleitet, der die Batterien lädt. Das Computernetzwerk wird stets aus den Batterien über einen Wechselrichter gespeist.

Die fortlaufende Spannungsumwandlung verursacht elektrische Verluste und Wärme, zudem haben die Batterien durch die fortlaufende Be- und Entladung eine geringere Lebensdauer.

Ein Bypass gewährleistet bei einem Ausfall des Gleich- oder Wechselrichters bzw. bei einer Überlast (Energiebedarf, der aus den Batterien nicht gedeckt werden kann), die direkte Spannungsversorgung der IT-Anlage.

Diese USV schützt eine DV-Anlage maximal und findet vorwiegend bei mittleren und großen Anlagen Verwendung.

</td><td>

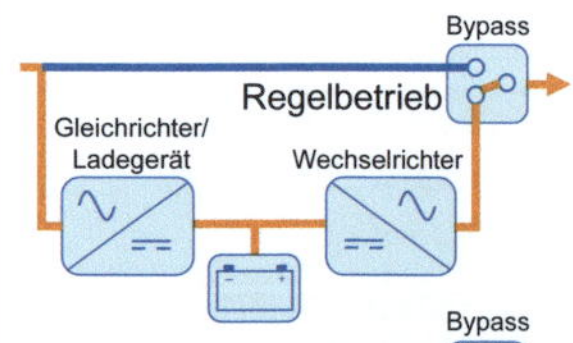

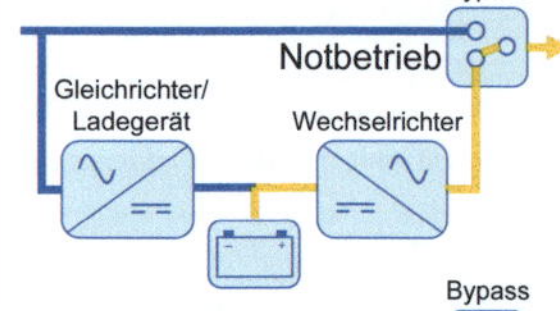

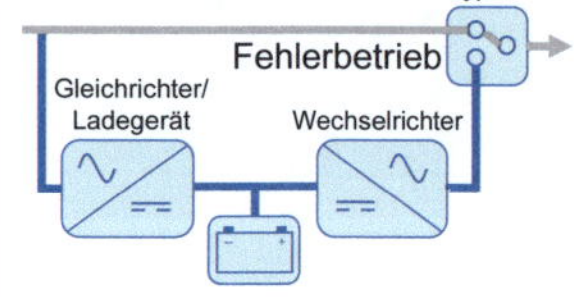

</td></tr>
</table>

Eine USV kann nicht endlos ein System mit Energie versorgen. Aus diesem Grund sind einige sensible Unternehmensbereiche, wie Krankenhäuser oder Rechenzentren, mit Notstromaggregaten ausgestattet. Vorgewärmte Geräte können entsprechende Netze kurzfristig auch über längere Zeit mit Energie versorgen.

91. Schildern Sie, was die Kernaufgaben einer USV sind.

92. In Unternehmen sind häufig rote Steckdosen zu finden. Diese markieren das Stromnetz, das durch Filter von Spannungsspitzen befreit und separat abgesichert ist und ggf. an einer USV hängt. Welche Geräte des Bereichs IT sollten dort nicht angeschlossen werden?

13.7.8 Redundanzen

Unter **Redundanz** wird das geplante mehrfache Vorhandensein gleicher Ressourcen wie Router, Switches, Server oder Speicher verstanden. Ziel ist die Erhöhung der Ausfall-, Funktions- und Betriebssicherheit.[7]

Im Bereich der Datenspeicher ist die Sorge um eine fehlerhafte Speicherung aufgrund einer defekten Festplatte groß. Daher sind sogenannte **RAID**-Systeme etabliert. RAID steht dabei für **R**edundant **A**rray of **I**ndependant **D**isks und beschreibt je nach RAID-Kombination die Vereinigung mehrerer Festplatten mit dem Ziel einer Performanzsteigerung bzw. Datensicherheit. Über die wichtigsten RAID-Level lesen Sie nachfolgend.

RAID-Art	Schematische Darstellung[8]
RAID 0 – Data-Striping: Einzige RAID-Variante, die keine Sicherheit durch Redundanz bietet. Diese Form verfolgt reine Performanzziele, indem der „Flaschenhals" Festplatte durch die Aufteilung des Datenstroms auf mehrere Platten umgangen wird. Das mit dem logischen Verbund (Stripeset) verbundene parallele Schreiben und Lesen einzelner Blöcke auf mindestens 2 Festplatten erhöht den Datendurchsatz. Das Gesamtvolumen der Festplatten bestimmt sich durch die kleinste Festplatte im Verbund. Gleichzeitig steigt das Risiko, dass bei einem Festplattenausfall der gesamte Datenbestand verloren ist.	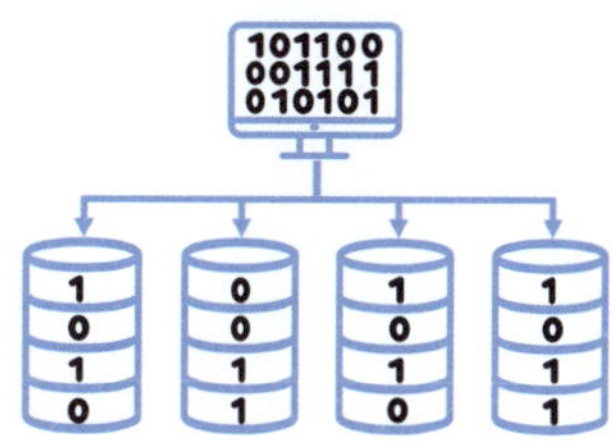

[7] *Im Bereich der Daten findet der Begriff ebenfalls Verwendung.*
[8] *Zum besseren Verständnis stellt die schematische Darstellung das Schreiben einzelner Bits statt ganzer Blöcke dar.*

RAID 1 – Mirroring und Duplexing: Die Daten von Festplatten werden auf eine gleiche Anzahl von Festplatten kopiert (gespiegelt). Der Rechenaufwand zum redundanten Speichern und Wiederherstellen (Rekonstruktion) ist minimal. Dieses System bewirkt keinen Geschwindigkeitszuwachs beim Lesen und Schreiben.

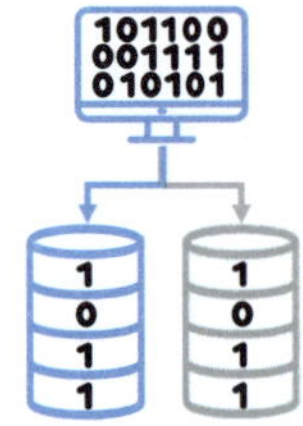

RAID 10: Kombination aus RAID 1 und 0, die sowohl auf einen Zuwachs beim Lesen und Schreiben und eine 100 % Datensicherheit durch Redundanz zielt.

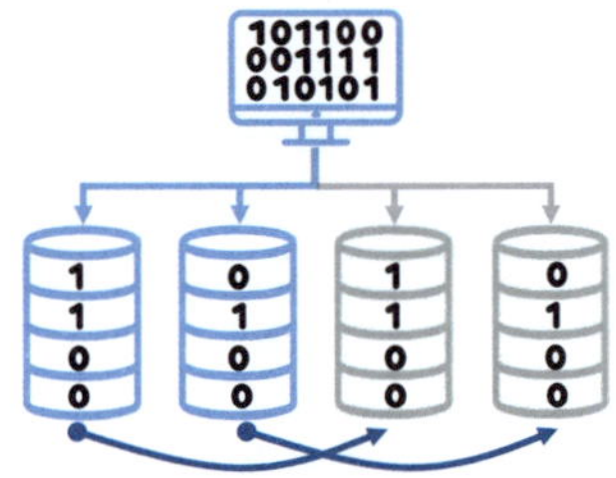

RAID 3 – Data-Striping plus Parity: Bei diesem Verfahren wird eine Kontrollziffer (Paritätsbit) aus N-1 Festplatten berechnet. Demnach wird bei vier Festplatten auf drei Speicher geschrieben, deren Parität vom Controller berechnet und auf die verbleibende vierte Festplatte geschrieben wird. Über die Aussagenlogik (XOR-Verknüpfung) ist es im Fall einer Rekonstruktion möglich, eine defekte Festplatte wiederherzustellen. Der Vorteil dieses Systems liegt in einem Geschwindigkeitsvorteil durch die Nutzung mehrerer Festplatten bei gleichzeitiger Datensicherheit durch die Paritätsplatte. Mehr zur Paritätsbitberechnung auf Seite 73.

RAID 5 – Data- and Parity-Striping: Auch bei diesem Verfahren werden Daten auf mehrere Festplatten verteilt, die Kontrollinformationen (Parity) sorgen für die Datensicherheit. Anders als bei RAID 3 wird jedoch bei RAID 5 die Parität auf alle Festplatten durch wechselseitiges Schreiben verteilt. Somit wären auch hier die Daten bei Ausfall einer Festplatte wiederherstellbar. Beim RAID 6 wird die Parität auf zwei Festplatten wechselseitig geschrieben, wodurch sogar 2 Festplatten gleichzeitig ausfallen könnten.

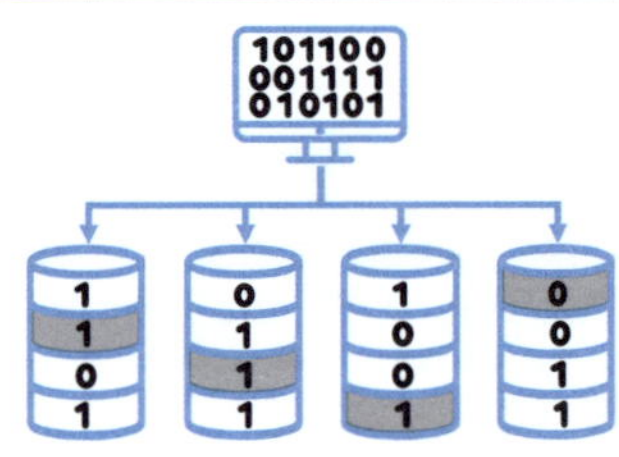

Der RAID-Controller kann Onboard (auf dem Motherboard) integriert sein oder dezidiert als Erweiterungskarte (z. B. PCIe) verbaut werden. Dezidierte Geräte haben den Vorteil, dass ein eigener Prozessor die Verwaltungsaufgaben übernimmt. Eine weitere Möglichkeit wäre eine Softwarelösung.

Paritätsbit: *Die Paritätsdaten lassen sich durch sogenannte XOR-Verknüpfung berechnen. Dabei werden zwei Werte derart verknüpft, dass sich eine logische 1 ergibt, wenn die Eingangsgrößen verschieden waren. Beispiel:*
0 XOR 0 = 0   0 XOR 1 = 1   1 XOR 0 = 1   1 XOR 1 = 0

Die Daten aller einzelnen Segmente eines Stripes werden nacheinander bitweise XOR-verknüpft. Beispiel: ***01001*** *=* ***0****XOR****1*** *=* ***1*** *→* ***1****XOR****0*** *=* ***1*** *→* ***1****XOR****0*** *=* ***1*** *→* ***1****XOR****1*** *=* ***0*** *(Paritätsbit). Das klingt kompliziert, ist aber eigentlich sehr leicht.*

Neben dieser fachlichen Beschreibung gibt es noch ein schnelles Verfahren zur Anwendung. Dazu werden einfach die Einsen gezählt. Ist das Ergebnis ungerade, ergibt sich als Paritätswert die 1. Ist die Summe gerade, ergibt sich eine 0 als Paritätsbit.

Selbst während einer Wiederherstellungsphase können Daten weiterhin (mit reduzierter Geschwindigkeit) gelesen und geschrieben werden. Läuft eine Festplatte ohne Funktion im System mit und wartet darauf, die Funktion einer defekten Platte automatisiert einzunehmen, spricht man vom **Hot Spare**. Ermöglicht das RAID-System den Austausch einer defekten Festplatte ohne das System zu stoppen, handelt es sich im um ein **Hot-Swapping**.

Von RAID-Systemen zu unterscheiden sind **JBOD-Systeme** (Just a bunch of disks), bei denen ähnlich wie bei RAID 0 mehrere Festplatten zu einem großen Bestand zusammengefasst werden. Allerdings werden bei diesem Verfahren nicht kleinere Blöcke, sondern vollständige Dateien wechselweise auf die Festplatte geschrieben.

i 93. *Eine NAS hat 6 gleich große Festplatten. Bewerten Sie die NAS nach unterschiedlichen Kriterien:*

RAID-System	***Nutzbarer Speicher***	***Geschwindigkeit (circa)***	***Sicherheit***
RAID 0	*___ von 6*	*___-fach*	*☐ ja ☐ nein*
RAID 1	*___ von 6*	*___-fach*	*☐ ja ☐ nein*
RAID 10	*___ von 6*	*___-fach*	*☐ ja ☐ nein*
RAID 3	*___ von 6*	*___-fach*	*☐ ja ☐ nein*
RAID 5	*___ von 6*	*___-fach*	*☐ ja ☐ nein*
RAID 6	*___ von 6*	*___-fach*	*☐ ja ☐ nein*

94. Aus welchem Grund wird RAID 0 nicht zu den redundanten Systemen gezählt?

95. Begründen Sie, weshalb ein RAID 1-System keine Datensicherung ersetzen kann. Eignen Sie sich ggf. zunächst Wissen aus dem Kapitel 13.7.9 an.

96. Beschreiben Sie den Unterschied zwischen RAID 3 und 5.

97. JBOD und Raid 0 bilden beide aus mehreren Festplatten einen großen Datenbestand. Jedoch ist JBOD dem RAID 0 in puncto Geschwindigkeit weit unterlegen. Begründen Sie.

98. Ein RAID 3-System besteht aus fünf Festplatten: 2 x 4 TiB und 3 x 3 TiB. Wie groß ist das zur Verfügung stehende Datenvolumen?

99. Auf einem RAID 3 mit 5 Festplatten wird folgender Datenstrom gespeichert: 1111 0100 1101 1001 1011 0000. Bestimmen Sie die jeweiligen Paritätsbits.

13.7.9 Datensicherungen

Zur Datensicherheit gehört eine regelmäßige Datensicherung (siehe Artikel auf S. 6). Die Sicherung von Daten ist eine unabdingbare Forderung der rechtlichen Datenschutzregelungen.

Unter einer Datensicherung versteht man unterschiedliche Zielparameter:

- **Backup:** Ein Backup kann auch als Sicherungskopie bezeichnet werden und zielt auf eine Wiederherstellung nach einem unerwarteten Verlust, z. B. durch einen Hardwaredefekt, Systemfehler, Benutzerfehler oder sonstige dargestellten Gefahren.
- **Archivierung:** Speichern und Aufbewahrung von Daten, um auf die aktuellen und ggf. ältere Versionen in Zukunft zurückgreifen zu können. Dies ist unter anderem eine gesetzliche Forderung bzgl. Aufbewahrungsfristen.
- **Image:** Vollständiges Abbild (Klone) von Daten und Programmen, in der Regel zwecks Wiederherstellung (Ausfallsicherheit).

Grundlegend werden unterschiedliche Arten von Datensicherungen unterschieden:

- **Voll-Backup:** Alle Daten werden 1:1 gesichert. Eine solche Vollsicherung kann als Basis für weitere Backups dienen. Warum gibt es also noch andere Arten der Datensicherung? Die Antwort ist schnell gegeben. Der Speicherbedarf und die Zeit für ein Backup sind bei dieser Art immens.

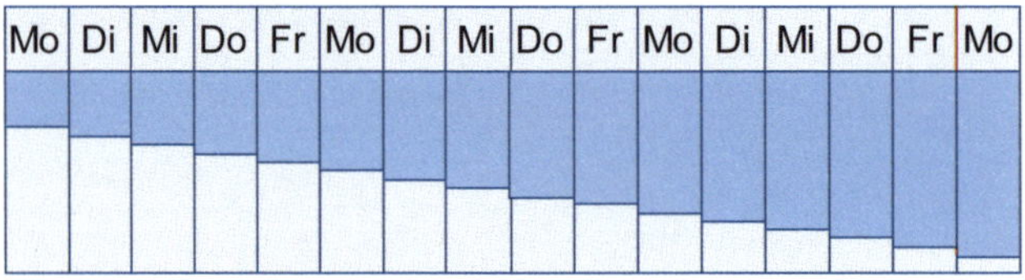

- **Differenzielles Backup:** Hier werden von der Backup-Software nur die Daten gesichert, die sich seit dem letzten Voll-Backup verändert haben (neu bzw. geänderte Daten). Bei jedem Durchlauf wird immer die Differenz zum letzten Voll-Backup gespeichert.

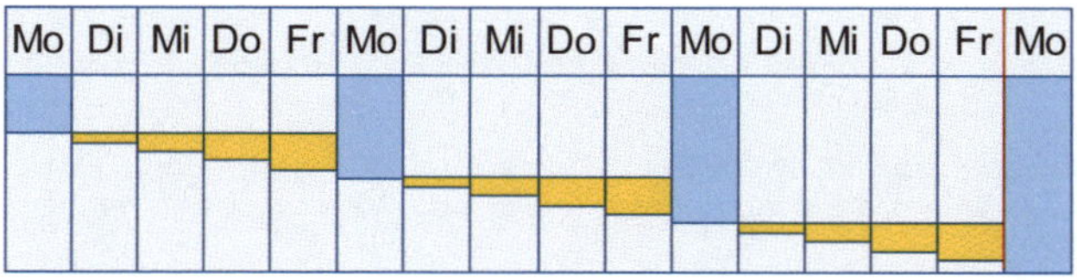

- **Inkrementelles Backup:** Bei dieser Backup-Variante werden lediglich die Daten gesichert, die sich seit dem letzten inkrementellen Backup geändert haben.

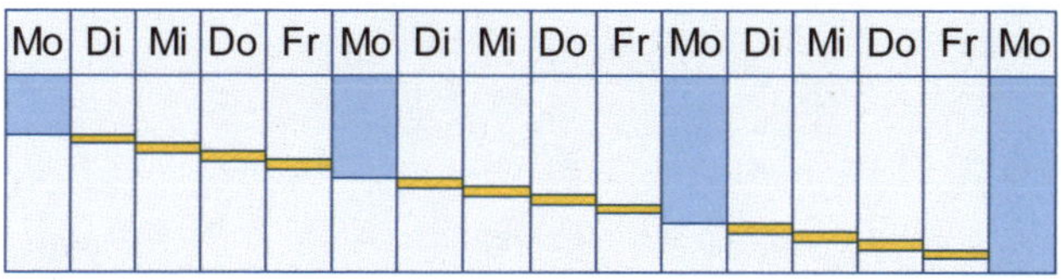

Die Sicherung von Daten nach zuvor genannten Mustern wird durch ein gezieltes Herausnehmen von Bändern zur **Langzeitarchivierung** unterstützt. Bei der dreistufigen Großvater-Vater-Sohn-Methode (Generationenprinzip) werden die Datensicherungen systematisch aus der Sequenz der regelmäßigen Sicherung herausgenommen und für eine bestimmte Zeit archiviert (Bandrotation):

- **Stufe 1:** erstmaliges Voll-Backup (ein Band)
- **Stufe 2:** inkrementelle Sicherung (Söhne) an jedem Wochentag
  (Montag bis Donnerstag – vier Bänder)
- **Stufe 3:** an jedem Freitag eines Monats erfolgt eine weitere Vollsicherung
  (Väter – 3 Bänder).
- **Stufe 4:** Tausch der Freitag-Vollsicherung mit dem ältesten Monatsband
  (Großvater – 12 Bänder)

Mit diesem Verfahren lassen sich Daten eines Jahres wiederherstellen.

Damit die Backup-Software die Dateien auswählt, die neu angelegt bzw. verändert wurden, bietet sich die Nutzung des Archivbits einer Datei an. Um Speicherplatz zu sparen, bieten einige Backup-Systeme die Datenkomprimierung an.

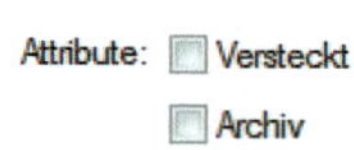

Als Backupmedien bieten sich Online-Speicher, Bandlaufwerke, DVD-Laufwerke, Festplatten, **Storage Area Network (SAN)** und **Network Attached Storage (NAS)** an. Sicherung großer Datenmengen wird durch die Nutzung von Sicherungsrobotern unterstützt. Die Lagerung der Medien sollte räumlich getrennt von der zu sichernden DV-Anlage erfolgen.

100. Schildern Sie die Reihenfolge der Rücksicherung bei der differenziellen und inkrementellen Datensicherung.

101. Berechnen Sie die Gesamtspeichermenge in den drei vorgestellten Verfahren des dargestellten Zeitraums. Die erste Vollsicherung ist 700 GiB groß, das Tagesvolumen jeweils 10 GiB (orange Balken).

102. Bewerten Sie die Backup-Verfahren in Bezug auf Durchführungszeit, Wiederherstellungszeit und Datenmenge.

103. Sehr vereinfacht werden folgende Daten auf einer DV-Anlage gespeichert:

Montag	Dienstag	Mittwoch	Donnerstag	Freitag
Datei 1	Datei 5	Datei 7	Datei 10	Datei 12
Datei 2	Datei 6	Datei 8	Datei 11	Datei 13
Datei 3		Datei 9		Datei 14
Datei 4				

Der Bestand der letzten Vollsicherung ist 800 GiB groß. Jede Datei ist 10 MiB groß. Die Daten werden täglich gesichert. Alle Datenbestände jedes Tages der Arbeitswoche sollen wiederherstellbar sein. Ermitteln Sie die Gesamtdateigröße des Backupträgers am Ende der Woche.

104. Wie viel Sicherungsbänder benötigen Sie beim Generationenprinzip insgesamt, sofern die Sicherungen jeweils auf ein Band passen?

105. Beim Generationenprinzip lassen sich die Daten eines Jahres wiederherstellen. Allerdings nur in definierten Abstufungen. Weisen Sie diese aus.

13.8 Notfallplanung (IT-Service Continuity Management)

Unser Eingangsbeispiel mit dem Brand im Rechenzentrum verdeutlicht, dass Schäden an DV-Anlagen extrem sein können. Und trotz der Tragweite des Schadens, bleiben die SLA bestehen. Daraus ergibt sich, dass sich Unternehmen bereits im Vorfeld mit solchen Schadensszenarien auseinandersetzen müssen.

Das **IT-Service Continuity Management (SCM)** entwickelt einen Notfallplan **(Disaster Recovery Plan – DRP)**, der im Extrem-/Katastrophenfall (K-Fall) bis zur Deponierung von Servern an andere Orte reicht.

Die technischen Voraussetzungen, insbesondere die fortlaufende Aktualität von redundanter Soft- und Hardware spielt dabei eine wichtige Rolle:

- **Redundante Komponenten:** Beim doppelten Vorhandensein von Bauteilen werden diese im Schadensfall schnellstmöglich ausgetauscht oder (automatisch) zugeschaltet.

- **Cold Standby:** Bei diesem Verfahren steht für den Ernstfall eine vollständige Ersatzinfrastruktur bereit. Eine unvermeidbare Ausfallzeit des Systems entsteht dadurch, dass das System erst in Betrieb genommen werden muss. Dazu zählt auch das Aktualisieren des Systems sowie das Rückspielen des aktuellen Datenbestands über Sicherungen.
- **Warm Standby:** Ähnlich wie beim Cold Standby steht eine vollständige Infrastruktur bereit. Diese ist nach dem Hochfahren weitgehend aktualisiert, wodurch lediglich die letzten Sicherungen eingespielt werden müssen. Dies reduziert die Wiederherstellungszeit deutlich.

„Rendundanz? Ha - ich bin einmalig!"

- **Hot Standby:** Bei diesem Verfahren ist das System auf einem identischen Stand mit dem Hauptsystem. Im besten Fall läuft das System im Parallelsystem und übernimmt im Schadensfall die zuvor geteilte Last (sogenannter Failover-Cluster).

Zwei festzulegende Größen sind bei der Wahl eines geeigneten Wiederherstellungsszenarios von Bedeutung: Der **Recovery Point Objective (RPO)** beschreibt die maximale Zeitspanne eines Datenverlustes, die ein Unternehmen ohne nennenswerten Schaden verkraften kann. Die **Recovery Time Objective (RTO)** sagt aus, in welcher vereinbarten Zeit ein System wieder hergestellt sein muss.

106. *Beschriften Sie die beiden Pfeile der rechten Grafik gemäß der vorgestellten Kennzahlen.*
107. *Eine Forderung ist, dass der Wiederherstellungsprozess regelmäßig geübt und bewertet wird. Begründen Sie diese Forderung.*

14 ARBEITEN AN IT-SYSTEMEN DURCHFÜHREN

Die Installation von IT-Systemen ist vielschichtig. Die Dimension reicht von der Installation eines Druckers bis zur Einrichtung ganzer Serverräume. Neben dem konkreten technischen Fachwissen wird von Ihnen erwartet, sich auch in Randbereichen wie Ergonomie, Recht, Lizenzen und Zertifikate sicher zu fühlen.

Die Anschaffung und Installation von Hardware läuft ebenso kontrolliert und strukturiert ab, wie sonstige ITSM-Prozesse. Relevante, damit verbundene Tätigkeiten zeigt nachfolgendes Schaubild.

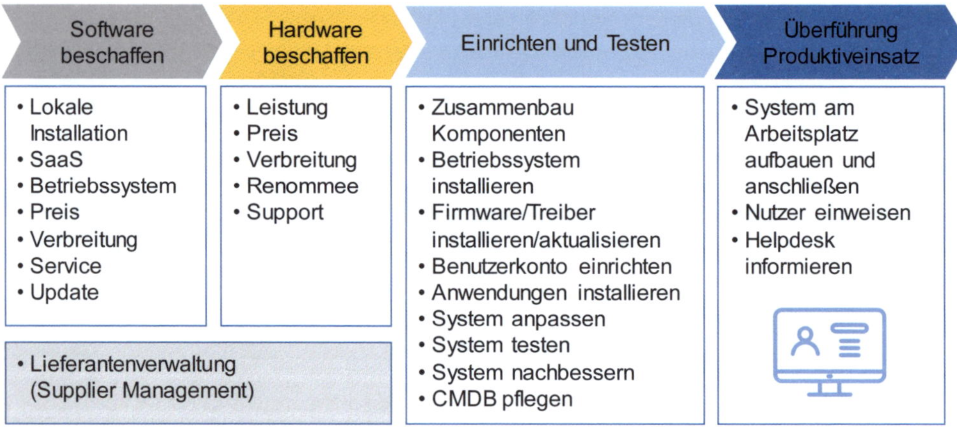

Grundlagen der Beschaffung sollten neben den Gesamtkosten des Betriebs **(Total Cost of Ownership – TCO)** auch immer ökologische Kriterien sein **(Green IT)**.

14.1 Software beschaffen

Der Prozess der Softwarebeschaffung fällt in der Regel relativ kurz aus, da sich die Neuanschaffung von PC an bereits vorhandenen Systemen orientieren muss. Zu unterscheiden ist dabei die System- (Betriebssystem) und Anwendungssoftware (Programme zum Lösen unterschiedlicher Anwendungsfälle). Häufig ist lediglich ein Erwerb von Lizenzen zur Nutzung nötig. Dabei kommen unterschiedliche Lizenzmodelle zum Einsatz:

- **Kauf:** Übertragung von Nutzungsrechten an einer Software (in der Regel unbefristet)
- **Miete:** Übertragung von Nutzungsrechten für einen befristeten Zeitraum

Auf die Zahl der lizenzierten Geräte oder Nutzer wird folgende Unterscheidung angewendet:

- **Device Lizenz:** Die Nutzung der Software ist auf eine Anzahl von Geräten beschränkt, die Anzahl unterschiedlicher Nutzer ist nicht relevant.
- **Concurrent User Lizenz:** Die gleichzeitige Nutzung der Software ist nur durch eine bestimmte Anzahl von Benutzern möglich.
- **Named User Lizenz:** Die Lizenz wird auf einen fest definierten Nutzer festgelegt.
- **Pay per Use:** Die Lizenz umfasst eine bestimmte Anzahl von Nutzungsaufrufen.

Lizenzen sind eine Umsetzung des allgemeinen Urheberrechts, das dem Ersteller einer Software sämtliche Verwertungsrechte sichert. Über Lizenzen werden Rechte zur Nutzung eingeräumt:

- **Open Source:** Offener Quellcode, was nicht automatisch mit kostenfreiem Einsatz gleichzusetzen ist. Durch den offenen Quellcode kann die Software überprüft und erweitert werden.
- **Freeware:** Kostenfreier Erwerb und Nutzung, ohne Bearbeitungsrecht an der Software.
- **Public Domain (gemeinfrei):** Lizenzfreie und quelloffene Software.
- **Shareware:** Software, die vor dem Kauf ausprobiert werden kann.
- **Closed Software:** Software, dessen Nutzung eine (in der Regel kostenpflichtige) Lizenz voraussetzt.

Das ITSM unterstützt die Softwarebeschaffung durch die Verwaltung von Lizenzen. Damit soll verhindert werden, dass das immaterielle Gut „Lizenz“ ungenutzt bleibt bzw. Lizenzverstöße durch mangelnde Lizenzen verhindert werden.

> *108. Recherchieren Sie den Begriff Lizenzserver und fassen Sie Ihre Ergebnisse zusammen.*

14.2 Hardware beschaffen

Bei der Beschaffung von Hardware spielt nicht nur der quantitative Faktor Preis eine Rolle, sondern auch die qualitativen Kriterien der Beschaffung. Eine Nutzwertanalyse hilft, aus zuvor definierten technischen Kriterien das geeignete Produkt auszusuchen. Zu den nichttechnischen aber dennoch zu berücksichtigenden Kriterien gehört auch die Umweltverträglichkeit von Geräten. Die Auswirkungen auf die Umwelt dokumentieren folgende Siegel:

Weist umweltfreundliche Peripherie aus. Die notwendigen Kriterien werden vom Umweltbundesamt alle drei bis vier Jahre überprüft.

Siegel für Produkte und Dienstleistungen, mit (im Vergleich zu anderen Produkten) geringeren Umweltauswirkungen. Für Computersysteme gibt es eine eigene Kategorie.

Weltweit verwendete US-Amerikanische Kennzeichnung, die Computer ausweist, die besonders energieeffizient arbeiten.

Weltweit anerkanntes schwedisches Qualitäts- und Umweltsiegel. Auskunft über Benutzer- und Umweltfreundlichkeit des Produktes und des Herstellungsprozesses.

Hinweis gemäß Elektrogesetz, dass Elektrogeräte keinesfalls in den Hausmüll gehören.

EU-Energielabel kategorisiert Geräte gegenüber dem Endkunden in puncto Energieeffizienz.

Der Begriff **Green IT** beschreibt Bemühungen, den Einsatz der **Informations- und Kommunikationstechniken (IKT)** umwelt- und ressourcenschonend zu gestalten. Dazu gehört die Optimierung aller Ressourcenverbräuche über den gesamten Lebenszyklus (Herstellung, Betrieb und Entsorgung).

In puncto Sicherheit geben u. a. nachfolgende Siegel Auskunft:

Gesetzliches Prüfzeichen „Geprüfte Sicherheit“ bescheinigt einem Produkt die Erfüllung des Produktsicherheitsgesetzes (ProdSG)

Kennzeichnung (kein Siegel), bei dem der Hersteller erklärt, dass das Produkt den geltenden Anforderungen in der EU entsprechen.

Um die gewählte Hardware beim geeigneten Lieferanten zu ordern, hilft der Prozess des **Supplier Managements**, der einen aktuellen Datenbestand zur Einschätzung von Lieferanten sichert.

109. Videokonferenzen oder Videoschulungen statt realer Treffen sind mittlerweile wichtige Bestandteile des Wirtschaftslebens. Beurteilen Sie, ob diese Verhaltensänderung auch zum Gedankengang des Green IT zählt.

14.3 IT-Systeme einrichten und anpassen

Dieser Prozessschritt des Change Managements beinhaltet das eigentliche Zusammenbauen und Einrichten von Hard- und Softwarekomponenten. Dabei ist darauf zu achten, dass die Firmware, also die Betriebssoftware von Geräten, sowie die Treiber aktualisiert werden. Zur Einrichtung der Software zählt neben der Installation des Betriebssystems auch die Konfiguration des Benutzerkontos, die Installation der Anwendungssoftware sowie die Anpassung des Systems mit Hinblick auf den Zweck des Einsatzes und den persönlichen Bedürfnissen des Nutzers.

Ein Test sowie die Dokumentation des Systems in der CMDB schließen den Teilprozess ab.

110. Aus welchem Grund ist die Aktualisierung von Firmware und Treiber von Wichtigkeit?

14.4 Warn- und Gefahrenzeichen erkennen

Der Begriff Betrieb beschreibt den Ort der betrieblichen Leistungserstellung, wozu auch der Betrieb der IT-Landschaft zählt. An diesem Ort finden sich zahlreiche Hinweise zum Schutz und zur Sicherheit der Mitarbeiterinnen und Mitarbeiter am Arbeitsplatz.

Verbotsschilder

Gebotsschilder

Gefahrenschilder

Brandschutzschilder

Rettungsschilder

> *111. Schilder sollen selbsterklärend sein. Ansonsten verfehlen sie ihr Ziel. Sind sie das wirklich? Notieren Sie kurz, was jedes dieser Schilder zu bedeuten hat.*

14.5 Überführen in den Produktiveinsatz

Bei der Einrichtung von Computerarbeitsplätzen sind die Vorgaben der Bildschirmarbeitsverordnung (BildscharbV) zu berücksichtigen. Ergänzend sind die Berufsgenossenschaftlichen Informationen BGI650 sowie die DIN 1335-1, ISO 9241-x und 527-1 zu beachten:

- **Bildschirmgeräte:** Bildschirme sollen eine Größe von 19 bis 21 Zoll haben, frei von Reflexionen und Blendungen sein sowie drehbar und neigbar (25° bis 30°) sein, Helligkeit und Kontrast sollen entsprechend und anpassbar sein.

- **Tastatur:** Die Anforderungen an eine Tastatur sind eine Neigbarkeit (bis 15°), eine Ablage der Hände vor der Tastatur, freie Positionierbarkeit, reflexionsarme Oberfläche, eine angemessene Tastengröße (zwischen 12 und 15 mm) sowie Hubhöhe (2 bis 4 mm).
- **Arbeitstisch:** Ein regelkonformer Schreibtisch ist mindestens 160 x 80 cm groß, hat abgerundete Ecken, eine Plattenstärke von ~3 cm, einen Beinraum ohne Einschränkungen sowie Kabelkanäle für Gerätschaften, die auf dem Tisch stehen. Entsprechende Mindestmaße erklärt die Zeichnung. Um das ermüdungsfreie Arbeiten zu ermöglichen, sind höhenverstellbare Schreibtische, die ein Arbeiten im Sitzen und Stehen ermöglichen, sinnvoll.
- **Arbeitsstuhl:** Ein Bürostuhl muss ergonomisch gestaltet, kippsicher, wegrollsicher, höhenanpassbar sein und verstellbare Armlehnen haben.
- **Arbeitsumgebung:** Anpassbare Beleuchtung, Verdunklung gegen Blenden, keine Wärme- oder Lärmbelästigung durch Arbeitsmittel wie Drucker.

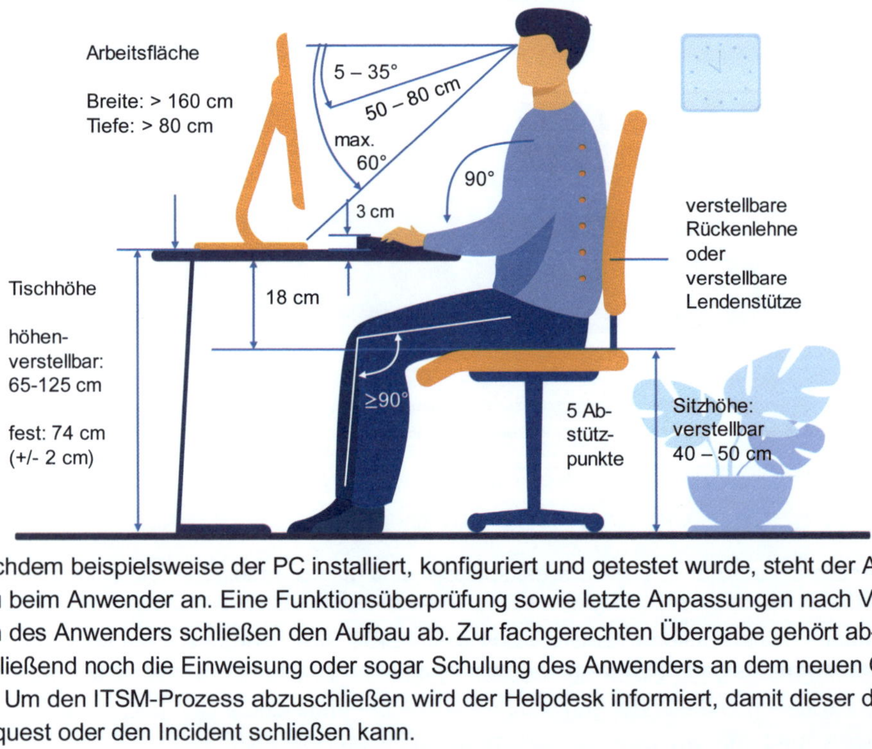

Nachdem beispielsweise der PC installiert, konfiguriert und getestet wurde, steht der Aufbau beim Anwender an. Eine Funktionsüberprüfung sowie letzte Anpassungen nach Vorgaben des Anwenders schließen den Aufbau ab. Zur fachgerechten Übergabe gehört abschließend noch die Einweisung oder sogar Schulung des Anwenders an dem neuen Gerät. Um den ITSM-Prozess abzuschließen wird der Helpdesk informiert, damit dieser den Request oder den Incident schließen kann.

112. Überprüfen Sie Ihren Arbeitsplatz nach den zuvor genannten Vorgaben.

113. In der Einleitung wurde explizit die ISO 9241 genannt. Der Teil 110 dieser ISO ist insbesondere für Anwendungsentwickler eine wichtige Vorgabe. Was wird darin explizit geregelt?

15 PROJEKT DURCHFÜHREN

Die strukturierten Prozesse sind ein Teil des ITSM. Zahlreiche größere Aufgaben im IT-Bereich gehen jedoch einher mit dem Projektmanagement. Als Fachkraft sollten Sie sich auch mit dem phasengetriebenen Projektmanagement sowie agilen Vorgehensweisen identifizieren.

Ein **Prozess** stellt eine sich wiederholende standardisierte Form der Bearbeitung dar (vgl. Seite 9). Vollkommen anders definiert die DIN ISO 69901 ein **Projekt**. Demnach bestimmt sich ein Projekt durch die Einmaligkeit der Bedingungen (z. B. Zielvorgabe, zeitliche, finanzielle, personelle und andere Begrenzungen). Es ist komplex, neuartig und birgt das Risiko des Scheiterns.

Daraus lässt sich das **magische Projektdreieck** herleiten, in dessen Grenzen sich eine Planung stets bewegt. Dieses besteht aus der Zeit (Termin), den Ressourcen (Kosten) und dem Ergebnis (Qualität). Ein Merkmal ist, dass sich Projekte grundsätzlich innerhalb dieser Parameter bewegen.

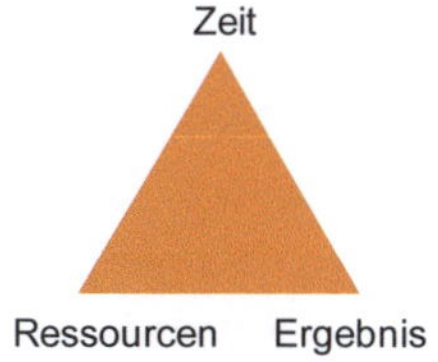

Ein klassisches Projektmanagement lebt in Bezug auf den Arbeitsprozess von unterschiedlichen Artefakten, die zur Einschätzung des nachfolgenden Phasenmodells definiert sein müssen:

- **Aufgabe:** Unter einer Aufgabe werden relativ kleinschrittige Tätigkeiten verstanden, die auszuführen sind.
- **Arbeitspaket:** In einem Arbeitspaket sind mehrere separate Aufgaben zu einer Einheit zusammengefasst.
- **Meilenstein:** Ein Meilenstein ist ein fest definierter Zustand, der über die Fortführung des Projekts entscheidet. Ein Meilenstein kann drei unterschiedliche Status annehmen: abgenommen (Go Ahead), nachzuarbeiten (Rework) oder nicht erreichbar (Stop), wodurch das Projekt nicht mehr abgeschlossen werden kann.

15.1 Phasenmodell

Jede Disziplin hat eigene Prozessmodelle. Ein grundlegendes Phasenmodell könnte wie folgt aussehen:

Projektvorbereitung	Projekt Setup (Feinkonzept)	Umsetzung/ Steuerung	Abschluss

• Idee identifizieren
• Projektmachbarkeit prüfen
• Projektteam akquirieren
• Projektauftrag einholen
 	
Initiierung
 	
• Projektziele festlegen
• Anforderungen analysieren
• Risiken identifizieren
• Projektteam initiieren
• Rollen vergeben
• Arbeitsumfeld
• Projektteam bilden
	• Projektstart (Kick Off)
	• **Planung**
	  • Arbeitspakete → Projektstrukturplan
	  • Sequenzierung → Ablaufplan
	  • Zeitlicher Umfang → Zeitplan
	  • Optimierung/Parallelisierung → Projektstrukturplan
	  • Meilensteine → Meilensteinbericht
	  • Ressourcen → Ressourcenplan
	  • Kosten → Kostenplan
	  • Stakeholder Analyse
	  • Risikoanalyse
	• Werkzeuge, z. B.
	  • Offene-Posten-Liste
	  • Gantt-Diagramm
	  • Netzplantechnik
		• **Durchführung**
		• Statusmeetings
		• Statusberichte
		• **Kontrolle**
		  • Termine
		  • Kosten
		  • Ziele
		  • Meilensteine
		  • Risiken
		• Meilenstein-abnahme
		• Zwischenstände präsentieren
		• Zwischenstände abnehmen
		• Risikomanagement
		• Konflikt-management
		• fortlaufende Dokumentation
		• Berichtswesen
			• Projektabnahme
			• Projekteabschluss
			• Ergebnisse in den Einsatz überführen (Rollout)
			• Abschlussbericht
			• Rechnungsstellung
			• Erkenntnisse sichern (Lesson Learned)
			• Projektteam ausfühlen

Exkurs PRINCE2: Projects **In C**ontrolled **E**nviroment (Version 2) stellt ein mustergültiges Framework für klassisches Projektmanagement dar. Dieses basiert auf der Idee, dass ein Projektmanager den Verantwortungsbereich der Organisation und Kontrolle übernimmt. Er wählt Mitarbeiter aus, ist Bindeglied zwischen Team und Auftraggeber, arrangiert Treffen, erstellt und aktualisiert Pläne und informiert alle Beteiligten, dokumentiert den Fortschritt u.v.m. Er steht letztendlich für die Einhaltung der Ziele, des Budgets und Termine gerade. Neben dem Projektleiter und dem Team gibt es die Rollen Auftraggeber und Anwender der Projektergebnisse, wobei diese Rollen auch deckungsgleich sein können. Der Projektleiter erstattet regelmäßig der Organisationseinheit Lenkungsausschuss (Steering Committee) Bericht. Dieser setzt sich aus Vertretern des Auftraggebers, der Anwender und des Projektnehmers (Experten) zusammen. Der Lenkungsausschuss (auch Projektausschuss) wägt aus Fortschritt und Problemen unter Berücksichtigung des Ziels wichtige Entscheidungen und sichert die Qualität des Projektes. Im Fokus von Entscheidungen des Lenkungsausschusses stehen die Einflussgrößen Geschäft (Kosten-Nutzen), Nutzer (Anforderungen des Nutzers) und Spezialist (Beurteilung aus fachlicher, technischer und sicherheitsrelevanter Sicht).

114. *Die Vorgaben eines Projekts sind wie folgt: Austausch 50 PC, 3 Personen, 4 Tage. Welche Auswirkung hat es gemäß des Projektdreiecks, dass der Austausch bereits nach 2 Tagen abgeschlossen sein soll?*
115. *Welche Relevanz hat ein Meilenstein?*

15.2 Netzplantechnik

Die Netzplantechnik[9] (engl. network analysis) nach der DIN 69900[10] (NPT) spielt gerade in Strukturierungsphasen ihre Trümpfe aus, in denen übersichtlich grobe Planungsschritte (z. B. Bauabschnitte) in ihrer Gesamtheit erfasst werden müssen.

Es ist ein geeignetes Mittel, Auswirkungen paralleler Ausführungen zu erkennen. Deutlich zeigt ein Netzplandiagramm dem Projektplaner, an welchen Stellen ein Projekt „klemmen" kann, das heißt, bei welchen Arbeiten verstärkt auf die Einhaltung von Zeiten geachtet werden muss, damit das Projekt fristgemäß fertiggestellt werden kann. Es ermöglicht einen Überblick über Teilschritte, Termine und Abhängigkeiten.

15.2.1 Vorgangstabelle

Vor dem Erstellen des eigentlichen Netzplans ist es hilfreich, sich eine Vorgangstabelle anzulegen. Diese enthält die eigentliche Planungsleistung, nämlich das Erfassen aller notwendigen Einzelvorgänge und deren zeitliche Gewichtung. Zudem macht sich der Projektplaner Gedanken darüber, welche Vorgänge vor- und nachgelagert sind.

Um das gesamte Verfahren zu verdeutlichen, werden die nachfolgenden Erstellungsschritte anhand des Beispiels „Release ausrollen" erläutert. Dieses Verfahren aus Kapitel 11.5 zielt auf eine Minimierung der Risiken bei Änderungen in IT-Systemlandschaften.

---

[9] *In unserem Fall Vorgangsknoten-Netzplan. Oftmals fälschlicherweise auch als PERT-Diagramm (Program Evaluation and Review Technique) bzw. Ereignisknoten-Netzplan bezeichnet. Dieser geht entgegen unserer Praxis von erreichten Fertigstellungszeitpunkten (Meilensteinen) aus.*

[10] *DIN 69900-1 definiert: „alle Verfahren zur Analyse, Beschreibung, Planung, Steuerung, Überwachung von Abläufen auf der Grundlage der Graphentheorie".*

NR	Vorgangsbezeichnung	Dauer in Tagen	Unmittelbarer Vorgänger	Unmittelbarer Nachfolger
1	Produktiv-PC beschaffen	1		2, 4
2	Rollback-Image erstellen	2	1	3
3	Rollback-Image verifizieren	1	2	7
4	Release-Paket vorbereiten	3	1	5
5	Release-Paket auf Produktiv-PC ausrollen	1	4	6
6	Produktiv-PC testen	5	5	7
7	Release nachbessern	2	3, 6	8, 9, 10
8	Release-Paket Sektor 1 ausrollen	3	7	11
9	Release-Paket Sektor 2 ausrollen	2	7	11
10	Release-Paket Sektor 3 ausrollen	4	7	11
11	Release dokumentieren	1	8, 9, 10	

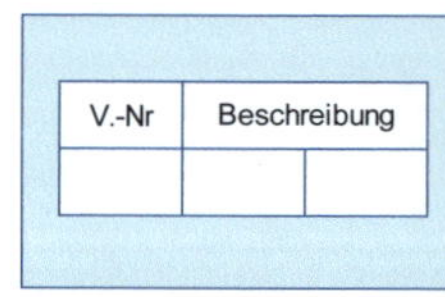

Der Symbolvorrat zur Darstellung von Netzplänen ist sehr reduziert und gerade das macht seinen Reiz aus. Im Wesentlichen besteht diese Darstellungsform aus Vorgangsbeschreibungen (Netzplanknoten) und Verbindungen dieser Elemente (Kanten). Die Ablaufplanung beschreibt zunächst die Darstellung der einzelnen Vorgänge. Zur sachlogisch richtigen Darstellung von Abhängigkeiten werden mehrere Vorgänge aneinandergereiht.

Der gezeigte Netzplanknoten beinhaltet in der Grundform eine Vorgangsnummer sowie gegebenenfalls eine kurze Beschreibung des Vorgangs.

15.2.2 Ablaufplanung

Ein Projekt lebt davon, Abläufe so zu planen, dass diese nicht linear, sondern u. U. auch parallel ablaufen können. Das spart Zeit. Demnach können in einem Netzplan Verzweigungen eingeplant werden, an denen sich der Ablauf trennt bzw. wieder zusammengeführt wird.

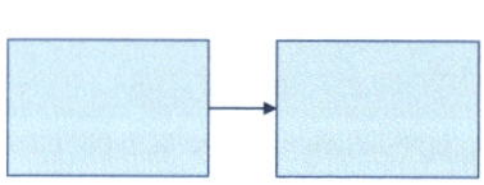

Fall 1: Ein Vorgang hat genau einen Nachfolger.

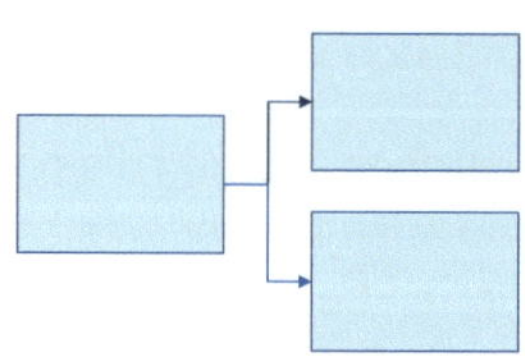

Fall 2: Ein Vorgang hat zwei oder mehr Nachfolger.

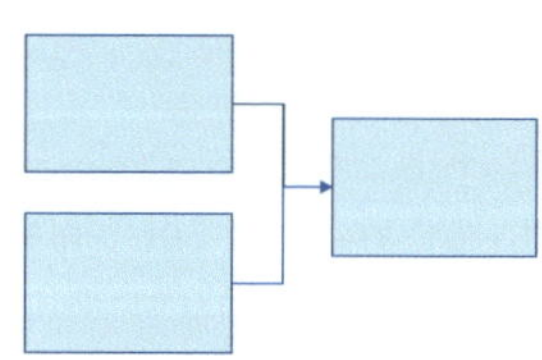

Fall 3: Ein Vorgang hat zwei oder mehr Vorgänger.

Unter Berücksichtigung der Vorgaben Kapitels 15.2.2 sieht der Netzplan unseres Beispiels folgendermaßen aus:

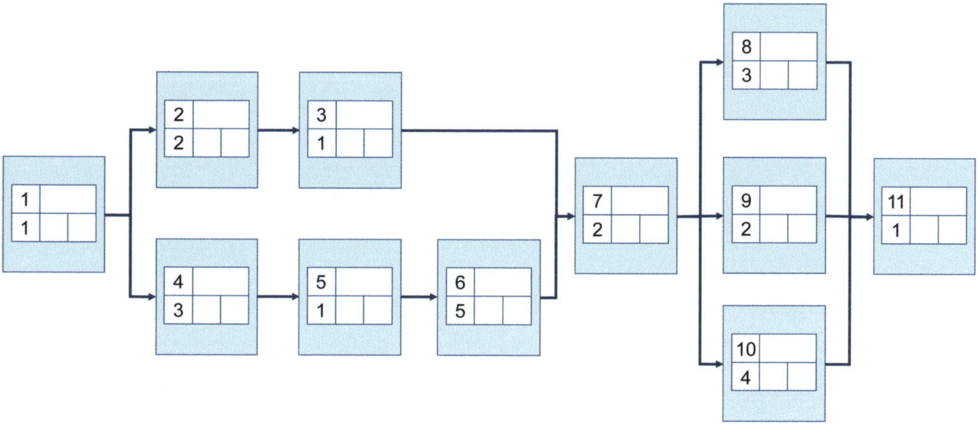

15.2.3 Vorwärtsrechnung

Grundvoraussetzung für eine Zeitplanung ist zunächst einmal die Erfassung der Einzelzeiten der jeweiligen Vorgänge.

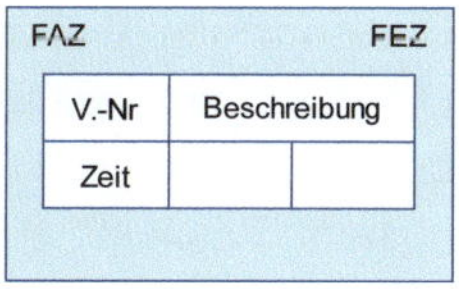

Im Anschluss daran folgen das Berechnen und Ausweisen der frühesten Anfangszeiten (FAZ) und frühesten Endzeiten (FEZ).

Der erste Vorgang eines Projekts hat immer den FAZ null. Bei einer Dauer von einem Tag ergibt sich daraus ein FEZ von eins.

Der darauffolgende Vorgang kann demzufolge erst beginnen, sobald der Vorgänger beendet ist (Kapitel 15.2.2 – Fall 1). Der FEZ vom Vorgänger ist deshalb der FAZ des Nachfolgers.

FAZ + Dauer = FEZ

Folgen auf einen Vorgang zwei oder mehrere Nachfolger (Kapitel 15.2.2 – Fall 2), beginnen alle nachfolgenden Vorgänge ebenfalls mit dem FEZ des Vorgängers. Das bedeutet, dass direkte Nachfolger erst dann beginnen können, wenn der Vorgänger vollständig abgearbeitet ist.

Hat ein Vorgang zwei oder mehrere Vorgänger (Kapitel 15.2.2 – Fall 3), wird der höchste FEZ übertragen. Dies ist dadurch zu erklären, dass der nachfolgende Vorgang erst gestartet werden kann, wenn sämtliche direkte Vorgänger abgearbeitet sind.

In unserem Beispiel sieht der Netzplan bisher wie folgt aus:

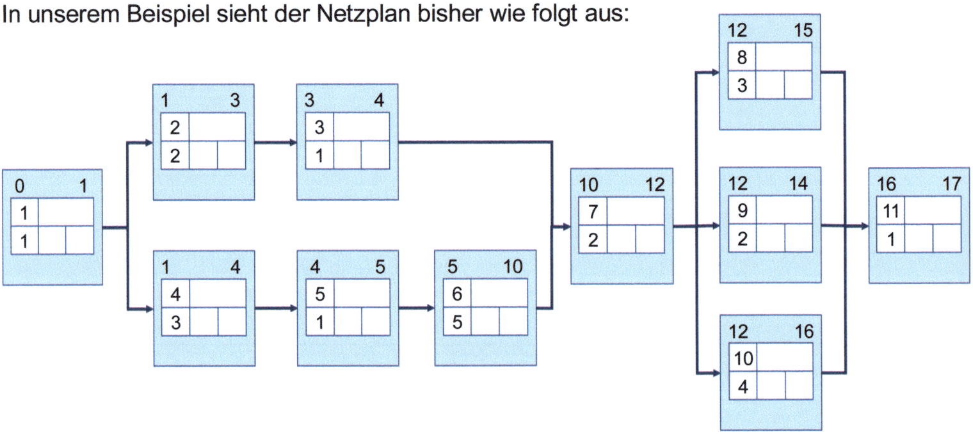

Eine erste wichtige Erkenntnis ist aus dem Netzplan gewonnen. Der Projektplaner weiß, wie lange das Projekt dauert. In unserem Beispiel dauert das Projekt 17 Kalendertage.

15.2.4 Rückwärtsrechnung

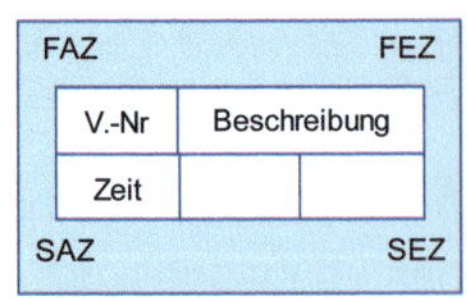

Das ermittelte Zwischenergebnis verdient eine nähere Betrachtung. Die Vorgänge zwei und drei laufen parallel zu den Vorgängen vier bis sechs. Dabei fällt auf, dass die beiden oberen Vorgänge mit insgesamt 3 Zeiteinheiten angesetzt sind, während die drei unteren Vorgänge insgesamt 9 Zeiteinheiten benötigen. Es würde also nichts dagegensprechen, wenn wir den Startzeitpunkt der Vorgänge zwei und drei später beginnen lassen. Die einzige Voraussetzung ist, dass diese nicht später enden als die Vorgänge drei bis sechs, da sich sonst die Gesamtprojektzeit verlängert.

Demnach lässt sich also ein Projekt auch von hinten nach vorne durchrechnen, um festzustellen, wann Vorgänge spätestens beginnen müssen. Die Zeitmarken werden spätester Anfangszeitpunkt (SAZ) und spätester Endzeitpunkt (SEZ) genannt.

Der FEZ des letzten Vorgangs ist gleichzeitig der SEZ des letzten Vorgangs. Durch Subtraktion der jeweilig benötigten Zeit von der SEZ errechnet sich die SAZ.

Entsprechend der Vorwärtsrechnung wird bei der Rückwärtsrechnung der SAZ des Nachfolgers als SEZ des Vorgängers übertragen. Gibt es mehrere Vorgänger, werden sie an alle direkten Vorgänger übertragen.

Haben mehrere Nachfolger einen gemeinsamen Vorgänger, wird die kürzeste zur Verfügung stehende Zeit (SAZ) übertragen.

Sie können Ihre Rückrechnung zum Schluss selbst kontrollieren, denn rechnerisch muss am SAZ beim Vorgang eins wieder eine Null herauskommen.

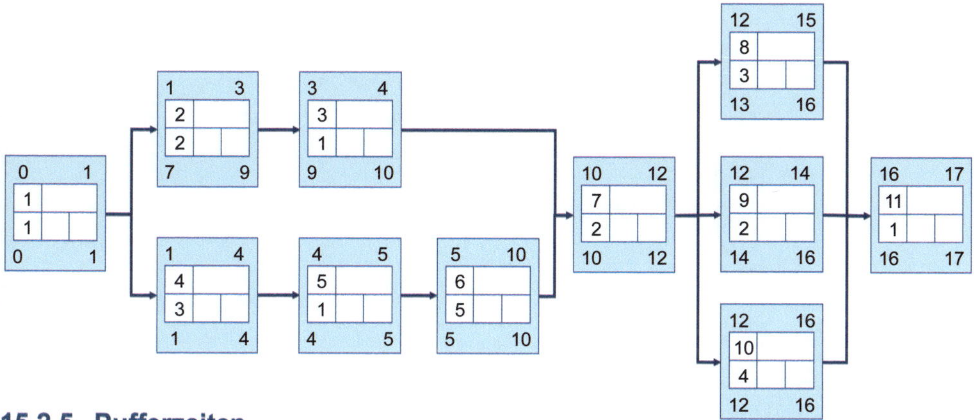

15.2.5 Pufferzeiten

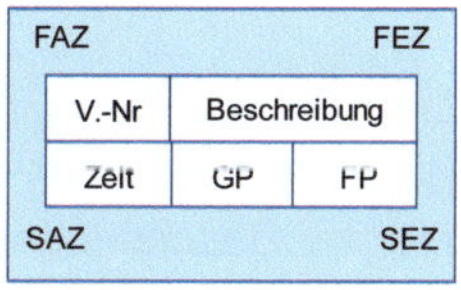

Wie im vorherigen Kapitel bereits angedeutet, gibt es beim Vorgang zwei und drei durchaus einen Spielraum beim Vorgangsstart. Dieser wird als Puffer bezeichnet.

Wird dieser Zeitpuffer vom Projektleiter in Anspruch genommen, ergibt sich daraus keine Gefährdung für das Gesamtzeitziel.

Der zur Verfügung stehende Gesamtpuffer (GP) ergibt sich aus der Differenz zwischen dem SEZ und dem FEZ.

GP = SEZ – FEZ bzw.
GP = SAZ – FAZ

Der freie Puffer existiert an Vorgängen, bei denen der Gesamtpuffer in Anspruch genommen werden kann, ohne dass dies auf andere benachbarte Vorgänge Auswirkungen hat.

Das ist leicht zu erkennen, denn der freie Puffer berechnet sich aus dem FAZ des nachfolgenden Vorgangs abzüglich des FEZ des Vorgängers. In unserem Beispiel gibt es beim Vorgang drei einen gesamten Puffer von 6 Zeiteinheiten und ebenfalls einen freien Puffer von 6 Zeiteinheiten. Wird dieser Puffer im Projekt genutzt, steht er dem vorherigen Vorgang nicht mehr zur Verfügung. Daher hat der Vorgang zwei einen freien Puffer von null Zeiteinheiten.

FP = FAZ Nachfolger – FEZ Vorgänger

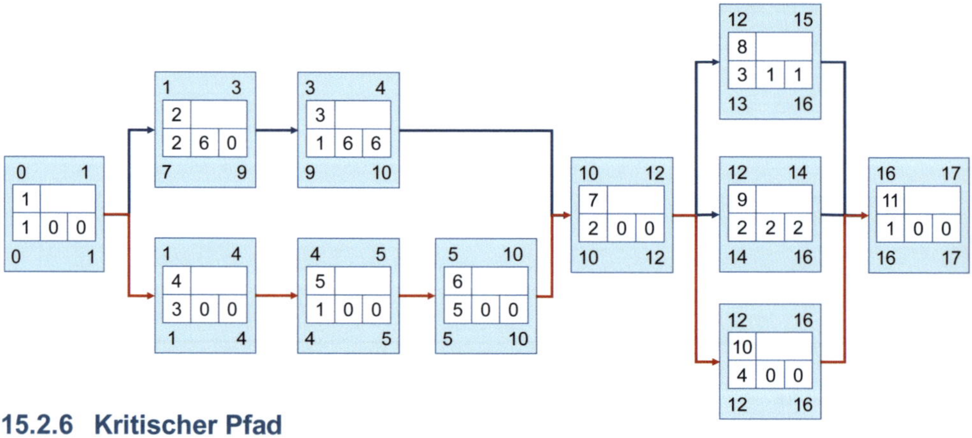

15.2.6 Kritischer Pfad

Der kritische Pfad ist der Projektverlauf, bei dem keine Pufferzeiten zur Verfügung stehen. Das hat die Auswirkung, dass sich eine Verzögerung innerhalb dieser Projektvorgänge auf das komplette Projekt auswirkt und das Projekt zeitlich nicht eingehalten werden kann.

Der kritische Pfad wird für gewöhnlich durch eine variable Kantenzeichnung dokumentiert (siehe rote Kante des Netzplans im Kapitel 15.2.5). Alternativ kann auch die Vorgangsnummer zur Beschreibung genutzt werden (hier: 1, 4, 5, 6, 7, 10, 11).

116. Welche Fragestellungen können mit einem Netzplan beantwortet werden?
117. Erklären Sie den Unterschied zwischen dem freien Puffer und dem Gesamtpuffer.
118. Warum ist der kritische Pfad so wichtig?
119. Vervollständigen Sie den nachfolgenden Netzplan.

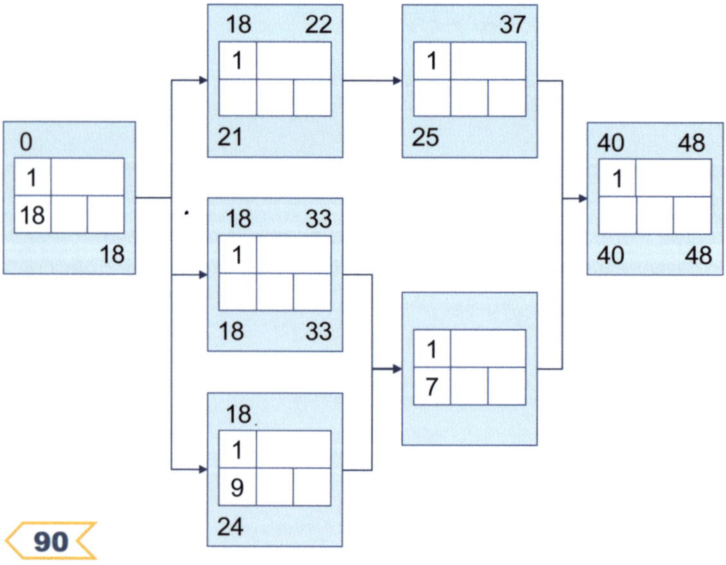

120. Die IT ist in die Erweiterung des Check-In-Bereichs des Flughafens eingeplant. Erstellen Sie einen Netzplan für das folgende Szenario. Tragen Sie sämtliche Zeiten, Puffer und den kritischen Pfad ein.

NR	Vorgangsbezeichnung	Dauer in Tagen	Unmittelbarer Vorgänger	Unmittelbarer Nachfolger
1	Kick-Off-Meeting aller Beteiligten	1	-	2, 3, 4
2	Strukturierte Verkabelung legen	5	1	
3	Gepäckbandzugang herstellen	7	1	
4	Zusätzl.Beleuchtung installieren	3	1	
5	Servicetresen montieren	8	2, 3	
6	Tontechnik installieren	1	5	
7	PC-Hardware installieren	2	5	
8	Gepäckwaagen einbauen	5	5	
9	Netzwerk logisch einrichten	1	7	
10	Beschilderung anbringen	1	8, 9, 4	
11	Mobiliar einrichten	1	10	
12	Testphase und Abnahme	1	6, 11	

15.3 Kanban

In Projekten gibt es immer eine Menge an Arbeitspaketen und Aufgaben zu bestimmen, einzuplanen, durchzuführen und zu kontrollieren. Und das Ganze dann auch noch im Team.

Um dabei nicht die Übersicht zu verlieren, hilft das Arbeitswerkzeug Kanban. Ursprünglich aus der industriellen Fertigung als Produktionsprozesssteuerung etabliert, hat es den Siegeszug in viele Büros geschafft.

Die Kanban-Methode spielt seine Vorzüge durch die Einfachheit und die visuelle Präsenz über kleine Haftnotizen in einer tabellarischen Darstellungsform **(Task Board)** aus. Neben dieser realen Umsetzung sind auch virtuelle Lösungen auf dem SaaS-Markt verfügbar.

Ein kleiner Notizzettel **(Ticket)** entspricht jeweils einer Aufgabe bzw. einem Aufgabenpaket. Über die Spalten einer Tabelle wird der Bearbeitungsstatus eines Tickets dokumentiert. Ein Umsetzen eines Zettels in eine andere Spalte dokumentiert einen Statuswechsel.

Ein Blick auf die Gesamtheit der Matrix ermöglicht eine schnelle Einschätzung der Lage und der noch anstehenden Arbeiten. Die Kanban-Methode ist äußerst flexibel. So können Prioritäten durch Farben repräsentiert werden. Die Statusdarstellung in Spalten kann flexibel auf die Bedürfnisse der Gesamtsituation angepasst werden. Selbst eine personelle Zuordnung in Gruppen kann ebenso über Kürzel auf dem Zettel definiert werden, wie der Umfang einer Aufgabe.

Neben dem Selbstmanagement zur Organisation anstehender Aufgaben ist Kanban prädestiniert für die Gruppenarbeit. Der Prozess der Bearbeitung könnte wie folgt aussehen:

- Beim stets täglich zur selben Zeit stattfinden Standup-Meeting **(Jour Fixe)** kommen alle Teammitglieder zusammen. Ein Standup-Meeting findet, wie der Name es schon sagt, im Stehen statt. Damit soll verhindert werden, dass es sich die Gruppe zu bequem macht und endlos tagt.
- Sichten aller Tickets und Klärung von Fragen.
- Tickets priorisieren und somit die Tickets festlegen, die als Nächstes zu bearbeiten sind. Ergebnis können auch weitere Tickets auf dem Board sein.
- Selbstständiges Zuordnen der anstehenden Tickets. Statusänderungen sind fortlaufend zu dokumentieren. Nach Fertigstellung der Bearbeitung ist das nächste Ticket an der Reihe.

Exkurs Scrum: In agilen Scrum-Projekten wird ein Gesamtprojekt in überschaubaren Zeiteinheiten (Inkrementen oder auch Sprints) bearbeitet. Jeder Sprint (meist 4–6 Wochen) läuft immer gleich ab. Aus einer Liste von priorisierter und nach Umfang bewerteter Anforderungen (User Stories) wählt das Entwicklerteam (Development Team) im **Sprint Planning 1** die zu bearbeitenden Anforderungen aus, die a) besonders wichtig zum Erreichen des Kundenziels sind und b) die zeitlich in den nächsten Sprint passen.
Die gesamte Entscheidungsmacht liegt beim Entwicklerteam, einen Projektleiter gibt es nicht. Im **Sprint Planning 2** überlegt sich das Entwicklerteam, wie die ausgewählten User Stories in angemessene **Aufgaben (Tasks)** überführt werden können. Diese werden letztendlich in das Taskboard überführt und vom Team bearbeitet.
Ein Produktverantwortlicher **(Product Owner)** hält Kontakt zum Kunden, während ein Moderator **(Scrum Master)** der Gruppe organisatorisch den Rücken freihält und methodisch durch den Prozess begleitet. Durch die Chance, dass lediglich Anforderungen statt endgültige Produkteigenschaften beschrieben und in kleinen Einheiten entwickelt werden, wird das Ändern und Ergänzen von Anforderungen durch den Kunden als weniger störend empfunden als bei klassischen Projekten.

Aus diesem Vorgehen könnten Kanban-Projekte a) um einen Kanban-Master erweitert werden, der die Gruppe methodisch und organisatorisch unterstützt. Des Weiteren könnte sich die Gruppe bei der Sicherung der bearbeiteten Aufgaben selbst kontrollieren.

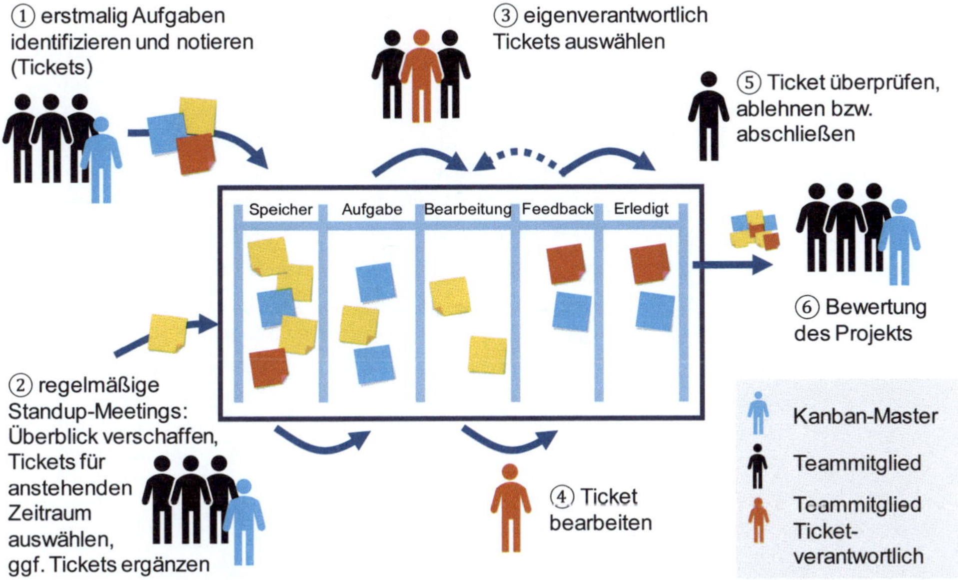

121. *Erarbeiten Sie ein aktuelles Taskboard für das Change Management mit den folgenden anstehenden Aufgaben mit zugehöriger Priorisierung bzw. Status:*
   a) *Druckerkartuschentausch Raum 15 (einer von zwei Druckern im Büro) → Ein Mitarbeiter ist bereits mit einer neuen Kartusche auf dem Weg zum Raum 15.*
   b) *Switch 172.16.2.5 tauschen (Abteilung Flugzeugwartung ist nicht erreichbar) → Das Gerät ist auf Lager, ein Techniker läuft bereits zum Serverraum, um zu tauschen.*
   c) *16-Port-Switch beschaffen → als Ersatz des Lagerabgangs*
   d) *Defektes LAN-Kabel am Empfangs-PC → wurde bereits getauscht und dokumentiert*
   e) *Neue Mitarbeiterin Anna Log im AD anlegen. Frau Log nimmt bereits am nächsten Tag ihre neue Arbeit auf. → Aufgabe soll heute erledigt werden, es hat sich aber noch niemand an die Umsetzung gemacht.*
   f) *Treiberupdate für alle Barcode-Scanner im Bereich Check-In. → Alle Scanner arbeiten gegenwärtig ohne Probleme.*
   g) *Ausschreibung PC für die Buchhaltung → der Austausch soll in einem Monat stattfinden.*
   h) *Ein Monitor in der Abteilung Personal springt mehrmals am Tag selbstständig in eine Auflösung von 800 x 600 Bildpunkte. → Die Mitarbeiterin hat schon 2-mal angerufen, aber auch heute fehlt leider die Zeit, sich darum zu kümmern.*

122. *Wie erwähnt, ist die Kanban-Methode ein gutes Werkzeug zum Selbstmanagement. Entwickeln Sie Ihr persönliches Taskboard zur Vorbereitung einer Prüfung. Jedes Themengebiet soll dabei ein Ticket darstellen.*

16 ITSM–EXAMEN

Zertifizierungen im Bereich des ITSM sind in der Regel Single-Choice-Tests. Nachfolgende anspruchsvolle Aufgaben zum Ablauf des ITSM sind im Stil dieser Zertifizierungen verfasst und prüfen Ihren aktuellen Kenntnisstand.

1. Ein neuartiges und umfangreich angelegtes Vorhaben ist
   a) eine Aufgabe
   b) ein Prozess
   c) ein Projekt
   d) ein Service

2. Der Single Point of Contact wird besetzt durch den
   a) First Level Support
   b) Second Level Support
   c) Third Level Support
   d) Kundenbetreuer

3. Ein Anwender ruft beim Helpdesk an, da sich das ERP nicht mehr starten lässt. Welcher Prozess findet die Ursache heraus?
   a) Availability Management
   b) Incident Management
   c) Problem Management
   d) Release Management

4. Auf welche Art und Weise unterstützt das Problem Management den Helpdesk?
   a) Es löst schwerwiegende Störungen
   b) Es löst leichte Störungen
   c) Es bietet Lösungen dem Anwender an
   d) Es steht dem Helpdesk mit Informationen zu Fehlern bereit

5. Der Bereich Routenplanung einer Fluggesellschaft soll erweitert werden. Neue PC sind anzuschaffen. Welcher Prozess genehmigt diese Erweiterung?
   a) Change Management
   b) Availability Management
   c) Release Management
   d) Capacity Management

6. Erwartungen an Dienstleistungen seitens des Kunden sind
   a) Service Level Agreements
   b) Service Requests
   c) Service Level Requirements
   d) Service Satisfaction Items

7. Die Abteilung Flugfracht hat auf ein neues Barcode-System umgestellt. Welcher Prozess regelt die Dokumentation der neuen Scanner in der entsprechenden Datenbank (CMDB)?
   a) Problem Management
   b) Change Management
   c) Release Management
   d) Configuration Managem.

8. Der Helpdesk hat in diesem Monat 600 Anrufe bearbeitet. Von welcher Art waren diese Anrufe?
   a) Änderungen von SLA
   b) Unterstützungsanfragen von Anwendern
   c) Meldungen über geänderte DV-Systeme
   d) Anfragen von Kunden

9. Ein Unternehmen hat zur Erfüllung seiner Dienste Teile davon fremdvergeben. Wie wird die Vereinbarung mit externen Organisationen genannt?
   a) Service Level Agreement
   b) Service Level Requirieren
   c) Unperpinning Contract
   d) Operation Level Agreements

10. Welche Definition eines Problems ist die genaueste?
    a) Eine unbekannte Ursache von Störungen.
    b) Ein erkannter Fehler, den es zu beseitigen gilt.
    c) Eine gelöste Störung, die beseitigt werden muss.
    d) Eine Störung, die durch einen Workaround gelöst wurde

11. Die Netzwerktechniker sind aufgrund dauernder Anrufe von Anwendern überlastet. Die Einführung welchen Prozesses könnte helfen?
    a) Change Management
    b) Incident Management
    c) Problem Management
    d) Helpdesk

12. Was ist ein Configuration Item?
    a) ein Anruf
    b) eine Störung
    c) ein Prozess
    d) eine Dokumentation

13. Was ist die vordergründige Aufgabe des Helpdesks?
    a) Eine Störungsursache suchen

b) Releases mit dem Kunden planen
c) Beim Kunden aufgetretene Störungen erfassen
d) Gelöste Fehler dokumentieren

14. Welche Tätigkeit gehört zum Change Management?
a) sorgsame Entscheidungen von Änderungen der IT zur Beseitigung von Problemen
b) Änderung durch ein Notfall-Release durchführen
c) Anbieten eines Workaround
d) Ein Problem durch Austausch einer Komponente beheben

15. Im Prozess Change Management wird eine umfangreichere Änderung erwogen. Wie geht es nun weiter?
a) Änderung beim Problem Management anmelden
b) Änderung beim Release Management anmelden
c) Änderung dem eCAB vorlegen
d) Die Änderung dem Projektmanager übergeben

16. Welchem Prozess wird die nachträgliche Betrachtung einer Problemlösung zugeordnet?
a) Incident Management
b) Problem Management
c) Change Management
d) Release Management

17. Welches der am verbreiteste ITSM-Standard?
a) ITIL
b) Cobit
c) FitSM
d) MSSM

18. Was beschreibt der Meantime between Failure?
a) Zeit, die ein System bis zum nächsten Incident arbeitet
b) Zeit zwischen zwei Störungen
c) Reparaturzeit zwischen zwei Störungen eines Systems
d) Zeit zwischen zwei Reparaturen

19. Welche Änderungen am IT-System sieht der Prozess des Problem Managements vor?
a) Austausch einer einfachen Komponente
b) Änderung der Netzwerkzuordnung ohne Tausch einer Komponente
c) Schnellmöglicher Tausch einer defekten Festplatte
d) Keine der zuvor genannten Möglichkeiten

20. Welcher Prozess gibt Auskunft über die Auslastung eines Systems?
a) Capacity Management
b) Configuration Managem.
c) Availability Management
d) Change Management

Und? Sind Sie schon fit? Sofern Sie mindestens 13 richtige Antworten haben, sollten Sie in Sachen ITSM am Ball bleiben. Fachleute auf diesem Gebiet sind weltweit gesucht.

1	2	3	4	5	6	7	8	9	10
11	12	13	14	15	16	17	18	19	20

17 STICHWORTVERZEICHNIS

„Das war's mit dem Thema ITSM.
Schön, dass ihr dabei wart!"